Deepen Your Mind

前言

Webpack 和 Babel 是前端工程領域最核心的兩大工具。我回想起，自己最初從事前端開發工作的時候，面對著技術論壇雜亂的 Webpack 和 Babel 資料，在很長一段時間內都感到迷惑與不解。

做前端開發工作的第一年，我被 Babel 的那堆 babel-preset-es2015、babel-preset- es2016、babel-preset-stage-0、babel-preset-stage-1、@babel/preset-env 和 @babel/plugin- transform-runtime 設定項目搞得暈頭轉向，經常問自己到底該用哪些設定項目，到底該怎麼設定。

我處於這種混亂的狀態整整一年之後，才漸漸對 Babel 有所認知，但是這種認知也很不全面。我從 Babel 6 到 Babel 7 學到的大量知識都是錯誤的和即將被淘汰的。這些零散的、錯誤的知識碎片增加了初學者的學習難度。

對於 Webpack，我差不多也曾處於一樣的狀態。在 2016 年年底，我第一次接觸到 Webpack，當時公司項目用的建構工具還不是 Webpack，而技術論壇內已經漸漸開始流行使用 Webpack 建構前端工程了。當時沒有完整的 Webpack 資料，官方檔案也不容易了解。於是我找了一些文章，嘗試學習，不過沒有學明白。這是因為 Webpack 是基於 Node.js 的，而我當時不會 Node.js，於是我又開始學習 Node.js。

幾年時間過去了，我對 Webpack 越來越熟悉。這中間走了很多彎路，舉例來說，為了掌握 Webpack 的正常設定而深入學習 Node.js，其實只需要會用幾個 Node.js 的模組函數就可以了，等等。

我覺得前端工程領域需要一本對新人友善的 Webpack 與 Babel 圖書，於是我將自己的技術網誌文章整理成了本書。我在本書中對網誌文章中的 Webpack 部分進行版本升級，本書使用的是 Webpack 5 版本，針對 Babel 部分還增加了原理和外掛程式開發的內容。本書是一本全方位地給初學者講解 Webpack 和 Babel 的圖書，希望可以幫助讀者成為更優秀的 JavaScript 開發者。

本書主要由 Webpack 和 Babel 兩大部分組成，Webpack 部分是第 1 章到第 8 章，Babel 部分是第 9 章到第 12 章。這兩部分內容相對獨立，讀者可以選擇自己感興趣的部分閱讀。

本書中主要使用的 Webpack 版本是 v5.21.2，但對 v5.0.0 之後的版本都適用；主要使用的 Babel 版本是 v7.13.10，但對 v7.0.0 之後的版本都適用，而且還對 Babel 版本的變化列出了詳細的說明。建議讀者安裝與書中版本一致的工具軟體，這樣可以減少 npm 套件版本帶來的差異。

本書使用的某些 npm 套件在未來可能因依賴升級而發生錯誤，這時可以透過將 x.y.z 版本編號中的 y 升級到最新版本來嘗試修正該錯誤。另外，因為 Webpack 生成 hash 值的演算法比較特殊，所以讀者在自己電腦上執行程式時生成的帶 hash 值的檔案名稱可能與書中不一樣。讀者在查看某些運行結果時，需要手動更改打包編譯後的檔案名稱。

在閱讀本書時，如果遇到有問題或錯誤的地方，可以在本書的 GitHub 程式倉庫 https://github.com/jruit/webpack-babel 上透過 Issue 回饋給我。

感謝關注我技術網誌（見連結 16）的讀者們，你們的支持和讚譽給了我寫作本書的動力。

感謝張東東和孟津，你們在我還是一個新人時就給予了我很多幫助，一直激勵著我深入前端開發的學習。

最後，感謝付睿編輯，你在我寫作本書的過程中給予了我不少幫助，沒有你的耐心指導就沒有本書的出版。

姜瑞濤

目錄

03 Webpack 前置處理器

04 Webpack 外掛程式

05 Webpack 開發環境設定

06 Webpack 生產環境設定

07 Webpack 性能最佳化

12 Babel 原理與 Babel 外掛程式開發

A Module Federation 與微前端

B Babel 8 前瞻

Webpack 入門

本章主要講解 Webpack 的基礎知識,目的是快速入門 Webpack,知道它是做什麼的,並學會最簡單的使用方法,為後續深入學習做準備。本章的主要內容包括 Webpack 簡介、Webpack 5 的安裝及注意事項、透過設定一個最簡單的 Webpack 前端專案來學習 Webpack 的整個打包流程,以及對 Webpack 前置處理器的初步學習。

Webpack 是前端開發領域比較難了解的部分。如果讀者是一名前端開發新人,在學習本章的過程中遇到了感到迷惑的地方,建議先嘗試學完本章,然後把後續章節的目錄與簡介看一看,知道大概有什麼內容,之後隨著自己開發經驗的增加再學習相關知識。

要掌握好 Webpack,需要對 Web 開發有一個整體的認知,包括網路基礎、HTTP、伺服器程式、Web 性能與安全等。等讀者對這些有了一些認知後,再重新學習,一定會有更深的了解。

若讀者對前端專案化有一定的經驗或是對 Webpack 有一些了解，可以在學完本章後接著學習後續章節。

1.1 Webpack 簡介

Webpack 是一個模組打包工具（module bundler），它可以對 Web 前端和 Node.js 等應用進行打包。因為 Webpack 平時多用於對前端專案打包，所以也是一個前端建構工具。Webpack 最主要的功能就是模組打包，官方對這個打包過程的描述如下。

At its core, webpack is a static module bundler for modern JavaScript applications. When webpack processes your application, it internally builds a dependency graph which maps every module your project needs and generates one or more bundles.

官方的描述不太容易了解。對於模組打包，通俗地說就是：找出模組之間的依賴關係，按照一定的規則把這些模組組織、合併為一個 JavaScript（以下簡寫為 JS）檔案。

Webpack 認為一切都是模組，如 JS 檔案、CSS 檔案、jpg 和 png 圖片等都是模組。Webpack 會把所有這些模組都合併為一個 JS 檔案，這是它最本質的工作。當然，我們可能並不想讓它把這些模組都合併成一個 JS 檔案，這時我們可以透過一些規則或工具來改變它最終打包生成的檔案。

在第 1 章中，我們將主要學習 Webpack 最本質的工作。在後續章節中，我們將學習一些規則和工具來改變或擴充它的工作。

★注意

❶ 官方的描述見連結 1。

❷ 打包工具與建構工具有什麼不同？對於前端專案，可以認為這兩者是同一個意思，本書中不對它們做區分。

❸ 讀者可能聽過 Grunt 和 Gulp 這兩個建構工具，也了解過它們與 Webpack 的區別，但總覺得無法真正了解。其實看再多遍對它們區別的描述，都不如親手實踐的感受直接。

1.2 安裝 Webpack 5

本節主要講解 Webpack 的安裝，主要包括兩部分：安裝 Node.js 和安裝 Webpack，接下來會分別進行講解。

1.2.1 安裝 Node.js

使用 Webpack 前需要先安裝 Node.js，若還沒有安裝的話，先去 Node.js 官網下載並安裝最新的 LTS（長期支持）版本的 Node.js。點擊網頁左側 LTS 版本的按鈕，瀏覽器會自動完成下載，如圖 1-1 所示。在官網下載頁面中還可以下載更多作業系統的 Node.js。

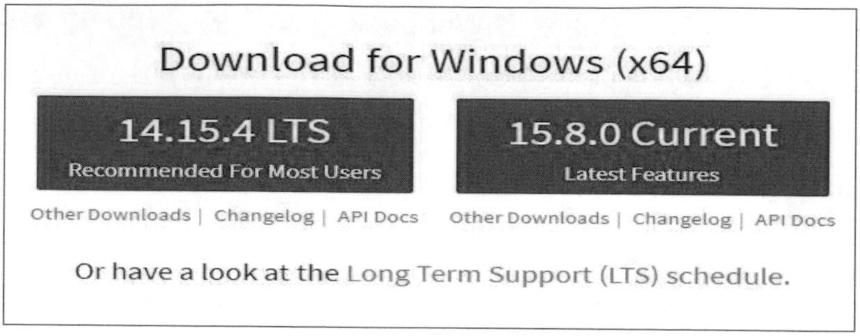

圖 1-1 官網下載頁面

下載完 Node.js 安裝套件後，執行安裝程式，在所有對話方塊中保持預設值不變即可完成安裝。

本 書 使 用 的 Webpack 版 本 是 5.21.2，需 要 的 Node.js 最 低 版 本 是 10.13.0，請確保 Node.js 版本不低於該版本。

在寫作本書時，Node.js 的 LTS 版本是 14.16.0，該版本已經不支援 Windows 7 作業系統。若讀者電腦是 Windows 7 作業系統的，可以下載安裝 12 版本的 Node.js，也可以在我的網站（見連結 16）留言獲取 12 版本的 Node.js 安裝套件。

1.2.2 安裝 Webpack

Webpack 有兩種安裝方式，分別為全域安裝與本地安裝。無論哪種安裝方式，都需要安裝兩個 npm 套件：webpack 和 webpack-cli。webpack 是 Webpack 核心 npm 套件，webpack-cli 是命令列執行 webpack 命令所需的 npm 套件。

接下來介紹一下這兩種安裝方式。

▌ 1. Webpack 的全域安裝

下面的命令用於全域安裝 Webpack，安裝的版本是最新的長期支援版本。

```
# 全域安裝最新的長期支持版本 Webpack
npm install webpack webpack-cli -g
```

如果要安裝指定版本的 Webpack，可以在安裝的套件名後面以 @x.x.x 形式加上版本編號。

```
# 全域安裝指定版本 Webpack
npm install webpack@5.21.2  webpack-cli@4.5.0 -g
```

我們安裝的是 Webpack 5，目前對應的 webpack-cli 大版本是 4，以上兩個套件都必須安裝。在之前的 Webpack 3 時期，不需要安裝 webpack-cli。

▌ 2. Webpack 的本地安裝

本地安裝最新的長期支持版本 Webpack 的命令如下。

```
# 該命令是 npm install webpack webpack-cli --save-dev 的縮寫
# 本地安裝最新的長期支持版本 Webpack
npm i webpack webpack-cli -D
```

本地安裝指定版本 Webpack 的命令如下，本地安裝指定版本 Webpack 的方式與全域安裝 Webpack 的一樣，都是在套件名後面以 @x.x.x 形式加上版本編號。

```
# 該命令是 npm install webpack@5.21.2 webpack-cli@4.5.0 --save-dev 的縮寫
# 本地安裝指定版本 Webpack
npm i webpack@5.21.2  webpack-cli@4.5.0 -D
```

在學習本書的時候，建議安裝與書裡一致的版本，以便觀察 Webpack
建構前後的程式。

1.2.3 全域安裝與本地安裝 Webpack 的區別

全域安裝的 Webpack，在任何目錄下執行 webpack 命令，都可以呼
叫 webpack 命令進行打包。而本地安裝的 Webpack，必須先找到對應
目錄 node_modules 下的 webpack 命令檔案，然後才能執行打包命令
（如果使用 npx 或 package.json 的 scripts，會幫助我們自動尋找檔案）。

考慮到全域安裝的 Webpack 的版本可能會與本地專案中的版本不一
致，我們推薦使用本地安裝。

全域安裝與本地安裝的 Webpack 是可以共存的。在開發大多數前端專
案的時候，都需要進行本地安裝。因為只進行全域安裝的話，可能會因
為版本不一致的問題導致本地專案建構出錯。

本地安裝的 Webpack，必須找到對應目錄 node_modules 下的
webpack 命令檔案，然後才能執行打包命令，因此一般需要拼接路徑。

本地安裝的 Webpack 進行打包，如果不想拼接路徑，可以使用命令
npx webpack，或在 package.json 檔案裡寫入下面的命令並執行 npm
run dev。這兩種方式都會自動執行 node_modules 下的 webpack 命
令，不需要拼接路徑。

```
"scripts": {
  "dev": "webpack"
},
```

★注意

❶ 如果安裝 npm 套件太慢的話，可以透過以下命令設定 npm 映像檔
來源為其它 npm 來源後再安裝。

```
npm config set registry https://registry.npm.******.org（見連結 2）
```

❷ npx webpack 命令裡的 npx 是新版 Node.js 裡附帶的命令。執行該
命令的時候預設會找到 node_modules/.bin/ 下的路徑執行，與下
面的命令等效。
Linux/UNIX 命令列如下。

```
node_modules/.bin/webpack
```

Windows 的 cmd 命令列（例如書附程式範例 webpack1-1 在
D:\jiangruitao\ 路徑下）如下。

```
D:\jiangruitao\webpack1-1\node_modules\.bin\webpack
```

1.3 Webpack 快速入門

本節將設定一個簡單的 Webpack 前端專案，以快速熟悉整個 Webpack
打包流程。

1.3.1 Webpack 的命令列打包

Webpack 的命令列打包是透過在命令列裡執行 webpack 命令來完成的，我們透過一個案例來講解，書附程式範例是 webpack1-1。

在本地新建一個資料夾 webpack1-1，在該資料夾下執行以下命令。

```
npm init -y
```

該命令會初始化一個專案並使用預設參數創建 package.json 檔案。

接下來本地安裝 Webpack。

```
npm install --save-dev webpack@5.21.2  webpack-cli@4.5.0
```

該命令安裝了指定版本的 webpack 與 webpack-cli 套件。這兩個 npm 套件的作用如下：webpack 套件是 Webpack 核心套件；webpack-cli 套件是命令列工具套件，在用命令列執行 webpack 命令的時候需要安裝。詳細的安裝過程已經在 1.2 節中進行過講解，請儘量安裝與本書中版本一致的套件。

我們要打包的 JS 檔案有兩個：a.js 和 b.js。在 b.js 檔案裡定義了一個值是 2022 的變數 year，然後在另一個 JS 檔案 a.js 裡引入 b.js 並把變數內容輸出到瀏覽器主控台上。

專案下的主要檔案如下。

```
|--a.js
|--b.js
|--index.html
|--package.json
```

a.js 檔案的內容如下。

```
// 使用了 ES6 的模組化語法 import
import { year } from './b.js';
console.log(year);
```

b.js 檔案的內容如下。

```
// 使用了 ES6 的模組化語法 export
export var year = 2022;
```

HTML 檔案也很簡單,用來引入 JS 檔案,這裡我們引入 a.js 檔案。

index.html 檔案的內容如下。

```
<!DOCTYPE html>
<html lang="en">
<head>
  <script src="a.js"></script>
</head>
<body>
</body>
</html>
```

現在我們在本地直接用瀏覽器打開 index.html,打開瀏覽器主控台,發現顯示出錯了。

瀏覽器會顯示出錯,一方面是因為瀏覽器對原始的 ES6 模組預設引入方式不支援,另一方面是因為本地 JS 檔案呼叫外部模組存在安全問題。

這是我們需要解決的問題。

現在，我們嘗試用 Webpack 把這兩個檔案打包成一個 JS 檔案來解決這個問題。透過 Webpack 打包成一個檔案後，ES6 模組語法就被消除了。

執行以下命令，該命令是 Webpack 5 的命令列打包命令。

```
npx webpack --entry ./a.js -o dist
```

上面命令的作用：從 a.js 檔案開始，按照模組引入的順序把所有程式打包到一個 JS 檔案裡，這個檔案的預設名稱是 main.js。Webpack 會自動處理打包後程式的順序與依賴關係。--entry 用來指定打包入口檔案，-o 是 out 的意思，表示輸出目錄，這裡使用 dist 目錄作為打包後的輸出目錄。注意，webpack 是打包命令，後面的內容是打包參數。

現在我們在 HTML 檔案裡引入 dist 目錄下的 main.js 檔案，打開瀏覽器主控台，發現可以正常輸出數字 2022 了。

上面就是一個最簡單的 Webpack 打包過程，我們觀察打包後的 main.js 檔案，其程式如下。

```
// dist/main.js
(()=>{"use strict";console.log(2022)})();
```

1.3.2 Webpack 打包模式 mode

我們在執行上面命令的時候，命令列主控台會出現警告資訊，告訴我們沒有設定 mode 參數，Webpack 將使用預設的 production 模式。

Webpack 的打包模式共有三種：production、development 和 none，這三種模式是透過 mode 參數來指定的。production 和 development 這兩種模式會分別按照線上生產環境和本地開發環境進行一些最佳化處理，而 none 模式會保留原始的打包結果。舉例來説，production 模式是給生產環境打包使用的，打包後的 bundle.js 檔案程式是壓縮後的，1.3.1 節打包生成的 main.js 檔案程式就被壓縮成了一行。

在我們學習 Webpack 基本功能的時候，要避免額外的最佳化處理，因為它們會干擾我們對打包細節的了解。在第 7 章講解 Webpack 性能最佳化之前，我們都會把 mode 參數設定為 none 模式來進行學習。

我 們 可 以 把 打 包 命 令 改 成 npx webpack --entry ./a.js -o dist --mode=none，該命令透過設定 mode 參數來告訴 Webpack 採用何種打包模式。現在把打包模式改成 none 模式，這樣就不會壓縮程式了。需要注意的是，該模式會保留打包的原始建構資訊，因此打包後的程式會有幾十行。

雖然我們可以在打包命令後面配上 mode 參數來告訴 Webpack 採用何種打包模式，但當命令參數過長的時候，使用起來就會不方便。此時，我們可以選擇使用 Webpack 的設定檔。

1.3.3 Webpack 的設定檔

本節書附程式範例是 webpack1-2。

Webpack 預設的設定檔是專案根目錄下的 webpack.config.js 檔案，在我們執行 npx webpack 命令的時候，Webpack 會自動尋找該檔案並使用其設定資訊進行打包，如果找不到該檔案就使用預設參數打包。

現在我們在專案根目錄下新建 webpack.config.js 檔案，其程式如下。

```
var path = require('path');

module.exports = {
  entry: './a.js',
  output: {
    path: path.resolve(__dirname, ''),
    filename: 'bundle.js'
  },
  mode: 'none'
};
```

對以上設定可以簡單描述為：將 a.js 作為入口檔案開始打包,將打包後的資源輸出到目前的目錄下的 bundle.js 檔案中。下面我們對這個設定檔裡的程式進行詳細解釋。

第 1 行引入了 path 模組,path 模組是 Node.js 裡的路徑解析模組,因為 Webpack 是基於 Node.js 的,所以這裡可以使用 Node.js 的功能。讀者如果不熟悉 Node.js,可以將 path 模組看成一個普通的 JS 物件,該物件的一些方法可以供我們使用。後面我們會使用 path 模組的 resolve 方法,該方法的作用是將其接收的參數解析成一個絕對路徑後返回。

接下來的 module.exports 是 CommonJS 模組匯出語法,它匯出的是一個物件,該物件提供了 Webpack 打包要使用的參數。

該物件有三個參數,分別是 entry、output 和 mode。

❶ entry：Webpack 打包的入口檔案,這裡的入口檔案是 a.js。

❷ output：：Webpack 打包後的資源輸出檔案,它有兩個屬性,其中 path 表示輸出的路徑,filename 表示輸出的檔案名稱,這裡把打包後的檔案輸出為目前的目錄下的 bundle.js 檔案。

❸ mode：Webpack 的打包模式，預設是 production，表示給生產環境打包。在不同的打包模式下，Webpack 會做不同的最佳化處理，例如 production 模式下會對打包後的程式進行壓縮。這裡設定成 none 模式，這樣程式就不會被壓縮了。在後續沒有特別說明的情況下，我們都把 mode 設定為 none，以減少 Webpack 打包模式的干擾。

在使用 resolve 方法的時候，我們使用了 __dirname。__dirname 是 Node.js 的全域變數，表示當前檔案的路徑。這樣，path.resolve(__dirname, ' ') 表示的其實就是當前資料夾根目錄的絕對路徑。

在命令列中執行 npx webpack 命令後，Webpack 就開始打包了，等待幾秒就完成了打包。打包完成後，我們把 HTML 檔案裡引入的 JS 檔案改成根目錄下的 bundle.js，然後在瀏覽器中打開 HTML 檔案，瀏覽器上控台正常輸出數字 2022。

新的 index.html 檔案內容如下。

```
<!DOCTYPE html>
<html lang="en">
<head>
  <script src="bundle.js"></script>
</head>
<body>
</body>
</html>
```

現在，我們學會了 Webpack 命令列參數打包與設定檔打包兩種打包方法。在實際專案中，我們使用的都是設定檔打包。對於簡單的專案，我們使用預設的 webpack.config.js 檔案，對於複雜的專案，可能會區分

開發環境、測試環境與線上環境而分別使用不同的設定檔，這些在後續
章節中還會講解。

★注意

要真正掌握 path.resolve 的解析規則，需要時間練習，本書中只會使
用該方法解析簡單的資源出口路徑，即 path.resolve(__dirname, ' ')。
此處該方法接收了兩個參數，可以近似地了解為把兩個路徑參數用字
串拼接的方式連接起來。如果你不想深入學習 Node.js 專案開發，則
不必深入研究 path.resolve 方法。

1.4 Webpack 前置處理器

Loader 是 Webpack 生態裡一個重要的組成部分，我們一般稱之為前置
處理器。

Webpack 在打包的時候，將所有引入的資源檔都當作模組來處理。

但 Webpack 在不進行額外設定時，自身只支援對 JS 檔案 JSON 檔案
模組的處理，如果你引入了一個 CSS 檔案或圖片檔案，那麼 Webpack
在處理該模組的時候，會透過主控台顯示出錯：Module parse
failed...You may need an appropriate loader to handle this file type。

主控台告訴你模組解析失敗，你需要一個合適的前置處理器來處理該檔
案類型。

當 Webpack 自身無法處理某種類型檔案模組的時候，我們就可以透過設定特定的前置處理器，指定 Webpack 處理該類型檔案的能力。

1.4.1 引入 CSS 檔案

我們來看一個例子，透過這個例子認識 Webpack 如何處理 CSS 檔案模組，書附程式範例是 webpack1-3。

新建專案檔案夾 webpack1-3，然後執行 npm init -y 命令來初始化專案。該專案將使用一個 JS 檔案和一個 CSS 檔案。

新建對應的檔案，目錄結構及解釋如下。

```
|--a.js
|--b.css
|--index.html
|--package.json
|--webpack.config.js
```

❶ b.css：宣告了 .hello，.hello 裡宣告文字顏色是藍色。

❷ a.js 引入了 b.css。

❸ webpack.config.js 是 Webpack 的設定檔，從 a.js 入口打包，輸出 bundle.js 檔案。

❹ index.html 引入了打包後生成的 bundle.js 檔案，並且有一個 div，該 div 的 class 為 hello，內容是 "Hello, Loader"。

a.js 檔案的內容如下。

```
import './b.css'
```

b.css 檔案的內容如下。

```css
.hello {
  margin: 30px;
  color: blue;
}
```

index.html 檔案的內容如下。

```html
<!DOCTYPE html>
<html lang="en">
<head>
  <script src="bundle.js"></script>
</head>
<body>
  <div class="hello">Hello, Loader</div>
</body>
</html>
```

webpack.config.js 檔案的內容如下。

```js
var path = require('path');

module.exports = {
  entry: './a.js',
  output: {
    path: path.resolve(__dirname, ''),
    filename: 'bundle.js'
  },
  mode: 'none'
};
```

先安裝 Webpack，安裝完成後執行 npx webpack 命令打包。

```
npm i webpack@5.21.2  webpack-cli@4.5.0 -D
```

這個時候會顯示出錯，提示我們需要安裝對應的前置處理器來處理 CSS 檔案，如圖 1-2 所示。

```
ERROR in ./b.css 1:0
Module parse failed: Unexpected token (1:0)
You may need an appropriate loader to handle this file type, currently no loaders
 are configured to process this file. See https://webpack.js.org/concepts#loaders
> .hello {
|   margin: 30px;
|   color: blue;
@ ./a.js 1:0-16

webpack 5.21.2 compiled with 1 error in 182 ms
```

圖 1-2　顯示出錯資訊

1.4.2　Webpack 前置處理器的使用

下面需要安裝兩個前置處理器，分別是 css-loader 與 style-loader。

css-loader 是必需的，它的作用是解析 CSS 檔案，包括解析 @import 等 CSS 自身的語法。它的作用僅包括解析 CSS 檔案，它會將解析後的 CSS 檔案以字串的形式打包到 JS 檔案中。不過，此時的 CSS 樣式並不會生效，因為需要把 CSS 檔案插入 HTML 檔案中才會生效。

此時，style-loader 就可以發揮作用了，它可以把 JS 裡的樣式程式插入 HTML 檔案中。它的原理很簡單，就是透過 JS 動態生成 style 標籤並將其插入 HTML 檔案的 head 標籤中。

本節書附程式範例是 webpack1-4，與 webpack1-3 的程式基本一致。

下面安裝這兩個前置處理器。

```
npm install css-loader@5.0.2 style-loader@2.0.0
```

在 webpack.config.js 檔案中設定這兩個前置處理器。

```
var path = require('path');

module.exports = {
  entry: './a.js',
  output: {
    path: path.resolve(__dirname, ''),
    filename: 'bundle.js'
  },
  module: {
    rules: [{
      test: /\.css$/,
      use: ['style-loader', 'css-loader']
    }]
  },
  mode: 'none'
};
```

要對某種模組進行處理，我們需要為設定項目新增 module 項。該項是一個物件，其 rules 裡是我們對各個類型檔案的處理規則設定。

❶ test：設定值是一個正規標記法，表示的含義是當檔案名稱尾碼是 .css 的時候，我們使用對應 use 項裡的前置處理器。

❷ use：設定值是一個陣列，陣列每一項是一個前置處理器。前置處理器的執行順序是從後向前執行，先執行 css-loader，然後把 css-loader 的執行結果交給 style-loader 執行。

現在我們執行 npx webpack 命令來完成打包，然後在瀏覽器中打開 index.html 檔案，發現 CSS 樣式生效了，文字顏色變成藍色。

前置處理器就是幫助 Webpack 處理各種類型檔案的工具，我們將在第 3 章學習更詳細的內容。

★注意

可能部分讀者心裡有疑惑，css-loader 為何不增加功能，在完成對 CSS 的解析後，將結果自動插入 HTML 檔案中？這是因為線上環境 中，我們一般需要把 CSS 樣式提取到單獨的 CSS 檔案中，如果 css-loader 把 CSS 樣式插入了 HTML 檔案，反而會干擾我們的線上程式。 在對線上環境打包的時候，我們就不需要 style-loader 了，而是透過外 掛程式把樣式程式提取到單獨的檔案。關於外掛程式的知識，將在後 續章節講解。

1.5 本章小結

在本章中，我們講解了 Webpack 的入門知識。Webpack 的核心功能是 找出模組之間的依賴關係，按照一定的規則把這些模組組織、合併為一 個 JS 檔案。

在安裝 Webpack 時，我們介紹了全域安裝與本地安裝，在開發實際專 案的時候，一般使用本地安裝。在學習本書的時候，建議本地安裝本書 指定的軟體版本。

在使用 Webpack 打包的時候，我們介紹了命令列打包與設定檔打包兩種打包方式。一般情況下，我們使用的都是設定檔打包，本書後續使用的也是設定檔打包。

前置處理器在 Webpack 中佔據著非常重要的地位，本章透過介紹 css-loader 與 style-loader 的使用，對前置處理器進行了入門講解。在第 3 章中，我們將詳細介紹它。

Chapter

02

Webpack 資源入口與出口

本章講解的重點是 Webpack 資源入口和出口。

我們以 Webpack 官網的建構示意圖來講解，如圖 2-1 所示。

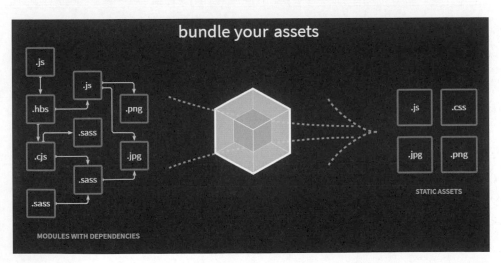

圖 2-1 Webpack 官網的建構示意圖

圖 2-1 中箭頭開始的 .js 檔案就是 Webpack 建構的資源入口，然後根據這個 .js 檔案依賴的檔案，把相連結的檔案模組打包到一個 .js 檔案中，從本質上說，這個打包後得到的 .js 檔案就是 Webpack 打包建構的資源出口。

當然，這個 .js 檔案通常不是我們最終希望打包出來的資源，我們希望可以將其拆分成 JS、CSS 和圖片等資源。

Webpack 提供了對拆分功能的支援，在建構的時候，可以透過 Webpack 的前置處理器和外掛程式等進行干預，把原本要打包成的 .js 檔案拆分成 JS、CSS 和圖片等資源。

我們以一個實際生活中的例子類比 Webpack 的打包過程，把 Webpack 的打包流程看作電腦廠商組裝電腦。組裝電腦需要從選定 CPU 開始，找出配套的主機板、記憶體模組和硬碟等。這些電腦配件就是 Webpack 的檔案模組。CPU 是資源入口檔案，電腦廠商需要根據 CPU 型號來選定配套的主機板和記憶體模組等，配套的主機板和記憶體模組就是打包過程中依賴的模組。

最終，將 CPU、主機板、記憶體模組和硬碟等組裝好後的電腦就是打包好的資源檔，將組裝好的電腦送往的物流倉庫就是資源出口路徑。

物流倉庫要分別對主機、顯示器和鍵盤外接裝置進行單獨裝箱運輸，這個過程就類似於將打包好的資源檔拆分成 JS、CSS 和圖片等資源。

透過第 1 章，我們了解了 Webpack 最簡單的打包過程，而透過對資源入口和出口的學習，讀者將對 Webpack 的打包有更深的了解。

2.1 模組化

本節會介紹 Webpack 中的模組化方法，主要包括 ES6 和 CommonJS 的模組化方法。

Webpack 是一個模組打包工具，將一切檔案都視為模組。它本身支持非常多的模組化方法，下面將介紹主要的模組化方法。

在進一步學習 Webpack 前，我們有必要先了解一些模組知識。

2.1.1 JS 模組化歷史

在 JavaScript 這門語言最初的階段，是沒有模組化方法的，從它的名字就可以看出，這門語言的設計初衷是作為 Web 小指令稿使用。後來隨著其在網頁應用中的大規模使用，不能模組化開始限制了它的發展。

這個時候出現了一些模組化規範，比較著名的有 CommonJS、AMD 和 CMD 等。透過遵守這些規範，JS 就可以進行模組化使用。

模組化規範可以解決大部分 JS 模組化的問題，但各種模組化規範並不統一，有學習和相容成本。於是，JS 在制定 ES6 語言標準的時候，提出了自己的模組化方案，也就是現在的 ES6 Module（ES6 模組化）。

ES6 Module 經過多年的發展，已經廣泛應用於 JS 開發領域。

目前，JS 模組化使用的主要是 ES6 Module 和 CommonJS 這兩種，後者在 Node.js 開發領域非常流行。

2.1.2 ES6 Module

ES6 的模組化語法主要有 export 模組匯出、import 模組匯入，以及 import() 函數動態載入模組。

▌ 1. export 模組匯出

```
// 匯出的模組有兩個變數 year 和 age，以及一個函數 add
// a.js
export var year = 2022;
export var age = 18;
export function add(a, b) {
  return a + b;
}
```

上面的匯出程式也可以換一個寫法。

```
// 匯出的模組有兩個變數 year 和 age，以及一個函數 add
// b.js
var year = 2022;
var age = 18;
function add(a, b) {
  return a + b;
}

export { year, age, add };
```

export 還可以匯出模組的預設值，方便在匯入的時候使用。

```
// 匯出模組的預設值，這裡匯出的是一個物件
// c.js
export default {
  year: 2022,
  id: 12,
}
```

▌ 2. import 模組匯入

我們使用 import ... from '...' 方式匯入模組。如果匯入的模組有預設值，我們可以自訂一個變數代表其預設值。

```
// 匯入的模組 c.js 有預設值，我們自訂 moduleC 代表其預設值
// d.js
import moduleC from './c.js'
console.log(moduleC)    // 主控台輸出一個物件 {year:2022, id:12}
```

對於匯入模組的其他非預設值，我們可以使用大括號方式匯入。

```
// 對於模組 a.js 或 b.js，我們使用大括號方式匯入
// e.js
import { year, age, add } from './b.js'
console.log(year, age);     // 主控台輸出 'Jack' 和 18
console.log(add(1, 8));     // 主控台輸出 9
```

除了使用 import ... from '...' 方式匯入模組，也可以使用 import '...' 方式。使用後者時，匯入模組後會執行模組內容，但是並不使用其對外提供的介面。

▌ 3. import() 函數動態載入模組

import() 函數可以用來動態匯入模組，它是在 ES2020 提案裡提出的。

```
// import() 函數
import('./f.js')
```

需要注意的是，import() 函數與 import ... from '...' 方式除了外觀形式上有所區別，import() 函數匯入模組是動態的，而 import ... from '...' 方式是透過靜態分析匯入的。

import() 函數雖然是在 ES2020 提案裡提出的，但 Webpack 已經支援該語法了。另外，一些前端框架的路由惰性載入，就是使用 import() 函數實現的，如 Vue Router。

下面簡單解釋一下 import() 函數的原理。Webpack 在打包的時候，碰到 import() 函數匯入的模組並不會立刻把該模組內容打包到當前檔案中。Webpack 會使用動態生成 JS 的方式，在執行程式的時候生成 script 標籤，script 標籤引入的就是 import() 裡匯入的內容。import() 函數匯入模組後會返回一個 Promise 物件，我們可以透過 import().then() 的方式來處理後續的非同步工作。

2.1.3　CommonJS

CommonJS 是目前比較流行的 JS 模組化規範，它主要在 Node.js 中使用。Node.js 對 CommonJS 的實現並不完全與其規範一致，但本書不會涉及這些細微差別。

CommonJS 主要使用 module.exports 匯出模組，使用 require('...') 匯入模組。

```
// g.js
module.exports = {
  year: 2022,
  age: 25
}
// g.js
var person = require('./g.js')
console.log(person)  // 輸出 {year:2022,age:25}
```

對於 CommonJS 的模組化，Webpack 實現了動態匯入模組的語法支援。我們可以透過 require.ensure 來動態匯入模組。注意，該語法是 Webpack 特有的，現在推薦使用 import() 函數做動態匯入模組。

```
// dependencies 是一個陣列，陣列項是需要匯入的模組；callback 是成功回呼函數
// errorCallback 是失敗回呼函數；chunkName 是自訂的 chunk 名
require.ensure(dependencies, callback, errorCallback, chunkName)
```

本節介紹了與 JS 模組化相關的內容，基礎知識複習如下。

❶ Webpack 支持 ES6 Module、CommonJS 和 AMD 等模組化規範，目前常用的是 ES6 Module 和 CommonJS。

❷ ES6 Module 透過 export 匯出模組，透過 import ... from '...' 或 import '...' 匯入模組。

❸ CommonJS 透過 module.exports 匯出模組，透過 require('...') 匯入模組。

❹ ES6 Module 透過 import() 函數動態匯入模組，CommonJS 透過 require.ensure 動態匯入模組，推薦使用 import() 函數動態匯入模組。

2.2 Webpack 資源入口

本節主要講解 Webpack 的資源入口 entry 以及基礎目錄 context。

在 1.3 節中，我們已經學習了簡單的資源入口知識，Webpack 設定檔如下。

```
var path = require('path');

module.exports = {
```

```
  entry: './a.js',
  output: {
    path: path.resolve(__dirname, ''),
    filename: 'bundle.js'
  },
  mode: 'none'
};
```

上述設定表示從當前根目錄下的 **a.js** 檔案開始打包,打包得到 **bundle.
js** 檔案。**entry** 表示的就是資源入口,我們可以看到它是一個相對路徑。

接下來,看一下與資源入口有關的其他設定。

2.2.1 Webpack 基礎目錄 context

上述設定其實省略了一個設定參數 context,Webpack 官方稱之為基礎
目錄(**base directory**)。

context 在 Webpack 中表示資源入口 entry 是以哪個目錄為起點的。
context 的值是一個字串,表示一個絕對路徑。

下面的設定表示從專案根目錄的 src 資料夾的 js 資料夾下的 **a.js** 檔案開
始打包,書附程式範例是 **webpack2-1**。

```
webpack.config.js
  var path = require('path');

  module.exports = {
    context: path.resolve(__dirname, './src'),
    entry: './js/a.js',    // a.js 裡又引入了 b.js
    output: {
      path: path.resolve(__dirname, ''),
      filename: 'bundle.js'
```

```
    },
    mode: 'none'
  };
```

a.js 檔案的內容如下。

```
import { year } from '../../b.js';
console.log(year);
```

b.js 檔案的內容如下。

```
export var year = 2022;
```

我們執行 npx webpack 命令，完成打包。命令列主控台告訴我們已經順利地將 a.js 檔案和 b.js 檔案打包成 bundle.js 件。

在實際開發中，通常不曾設定 context，在沒有設定 context 的時候，它就是當前專案的根目錄。

2.2.2 Webpack 資源入口 entry

Webpack 資源入口 entry 需要使用相對路徑來表示。目前我們使用的 entry 都是字串形式的，其實它還可以是陣列形式、物件形式、函數形式和描述符號形式的。

▌ 1. 入口 entry 是字串形式

字串形式 entry 已經在之前使用過了，這是最簡單的形式，表示打包的入口 JS 檔案。

▎ 2. 入口 entry 是陣列形式

表示陣列的最後一個檔案是資源的入口檔案，陣列的其餘檔案會被預先建構到入口檔案中。

在後面的 10.4 節（7. 在前端專案建構工具的設定檔入口項裡引入 core-js/stable 與 regenerator-runtime/runtime）中，我們使用了陣列形式的 entry。

```
module.exports = {
  entry: ['core-js/stable', 'regenerator-runtime/runtime', './a.js'],
};
```

上面的設定和下面的是等效的。

```
// a.js
import 'core-js/stable';
import 'regenerator-runtime/runtime';
// webpack.config.js
module.exports = {
  entry: './a.js',
};
```

陣列形式的 entry 本質上還是單一入口。

▎ 3. 入口 entry 是物件形式

物件形式的 entry 又被稱為多入口設定。之前我們講的都是單入口設定，就是打包後生成一個 JS 檔案。

多入口設定就是打包後生成多個 JS 檔案。

```
var path = require('path');

module.exports = {
  entry: {
    app: ['core-js/stable', 'regenerator-runtime/runtime', './a.js'],
    vendor: './vendor'
  },
  output: {
    path: path.resolve(__dirname, ''),
    filename: '[name].js'
  },
  mode: 'none'
};
```

上面的設定分別從兩個入口檔案打包，每個入口檔案各自尋找自己依賴的檔案模組並打包成一個 JS 檔案，最終得到兩個 JS 檔案。

▌ 4. 入口 entry 是函數形式

函數形式的 entry，Webpack 取函數返回值作為入口設定，返回值是上述三種形式之一即可。

函數形式的 entry 可以用來做一些額外的邏輯處理，不過在自己搭腳手架時很少使用。

▌ 5. 入口 entry 是描述符號（descriptor）形式

這種入口形式也是一個物件，我們稱之為描述符號。描述符號語法可以用來給入口傳入額外的選項，例如設定 dependOn 選項時，可以與另一個入口 chunk 共用模組。

本節介紹了 Webpack 資源入口，表示它是從哪個 JS 檔案開始打包的。Webpack 要找到這個檔案，需要使用 context 和 entry 這兩個參數。

context 是一個絕對路徑，是基礎目錄的意思。entry 是一個相對路徑，
它與 context 拼接起來，就是 Webpack 打包的入口檔案了。

Webpack 的資源入口與出口是緊密相關的，下一節我們會詳細講解
Webpack 資源出口。

★注意

❶ 我們目前對建構過程不進行額外的處理，例如不會對建構後的資
源進行拆分，因此一個入口只會生成一個打包後的檔案，這也是
Webpack 的建構本質。

❷ 描述符號是 Webpack 5 中新增的功能，其使用方法有些複雜，建
議入門階段不要深入研究。感興趣的讀者可以透過連結 3 了解。

2.3 Webpack 資源出口

在 1.3 節中，我們簡單使用過資源出口，Webpack 設定檔如下。

```
var path = require('path');

module.exports = {
  entry: './a.js',
  output: {
    path: path.resolve(__dirname, ''),
    filename: 'bundle.js'
  },
  mode: 'none'
};
```

其中的 output 就是資源出口設定項目。output 的值是一個物件,它有幾個重要的屬性 filename、path、publicPath 和 chunkFilename。

2.3.1 Webpack 的 output.filename

filename 是打包後生成的資源名稱,在 1.3 節中,生成的是 bundle.js 檔案。根據使用者的需要,可以把 bundle.js 改成 my.js 或 index.js 等。

filename 除了可以是一個檔案名稱,也可以是一個相對位址,如 './js/bundle.js'。

最終打包輸出的檔案位址是 path 絕對路徑與 filename 拼接後的位址。

filename 支援類似變數的方式生成動態檔案名稱,如 [hash]-bundle.js,其中中括號代表預留位置,裡面的 hash 表示特定的動態值。

我們來看一個例子,除了把 filename 由 bundle.js 改成 [hash].js,其餘設定與 1.3 節一樣,書附程式範例是 webpack2-2。

```
var path = require('path');

module.exports = {
  entry: './a.js',
  output: {
    path: path.resolve(__dirname, ''),
    filename: '[hash].js'
  },
  mode: 'none'
};
```

我們執行 npx webpack 命令打包,主控台顯示如圖 2-2 所示。

```
D:\mygit\webpack-babel\2\webpack2-2>npx webpack
(node:4500) [DEP_WEBPACK_TEMPLATE_PATH_PLUGIN_REPLACE_PATH_VARIABLES_HASH] D
eprecationWarning: [hash] is now [fullhash] (also consider using [chunkhash]
 or [contenthash], see documentation for details)
asset 3c6e0f6c22d9606881a1.js 3.02 KiB [emitted] [immutable] (name: main)
runtime modules 670 bytes 3 modules
cacheable modules 75 bytes
 ./a.js 50 bytes [built] [code generated]
 ./b.js 25 bytes [built] [code generated]
webpack 5.21.2 compiled successfully in 213 ms
```

圖 2-2 主控台顯示

圖 2-2 中的 3c6e0f6c22d9606881a1 表示本次打包的 hash 值,因此生成的檔案就是 3c6e0f6c22d9606881a1.js。

另外,也可以看到,主控台警告已經不贊成使用 hash 了,以前的 hash 現在變成了 fullhash,或考慮使用 chunkhash 或 contenthash。這裡的「以前」指的是 Webpack 5 之前的版本。

我們把 hash 改成 fullhash,重新打包,結果和剛剛打包的結果是一樣的,但警告資訊消失了。

特定動態值除了 [hash], 還有 [name] 和 [id] 等。 對於 hash、fullhash、chunkhash 和 contenthash 的區別,我們將在 2.4 節講解。

[name] 表示的是 chunk 的名字,簡單了解的話,在打包過程中,一個資源入口依賴的模組集合代表一個 chunk,一個非同步模組依賴的模組集合也代表一個 chunk,另外程式拆分也會有單獨的 chunk 生成,我們將在第 7 章進行具體講解。[id] 是 Webpack 在打包過程中為每個 chunk 生成的唯一序號。

在 2.2.2 節中,我們講解了幾種形式的資源入口 entry。其中字串形式和陣列形式 entry 的 output.filename 的 [name] 值都是 main。對於 entry

是物件形式的多入口設定，[name] 是物件的屬性名稱，對應每一個入口檔案。

下面舉幾個例子來講解 [name] 是如何設定值的。

▌ 1. 字串形式和陣列形式的 entry

字串形式和陣列形式的 entry 本質上是一樣的，我們以字串形式的 entry 舉例，書附程式範例是 webpack2-3。

書附程式範例 webpack2-3 的設定檔如下。

```
const path = require('path');

module.exports = {
  entry: './a.js',
  output: {
    path: path.resolve(__dirname, ''),
    filename: '[name].js'
  },
  mode: 'none'
};
```

執行 npx webpack 命令後，主控台顯示打包結果如圖 2-3 所示，可以得知輸出資源檔被命名為 main。

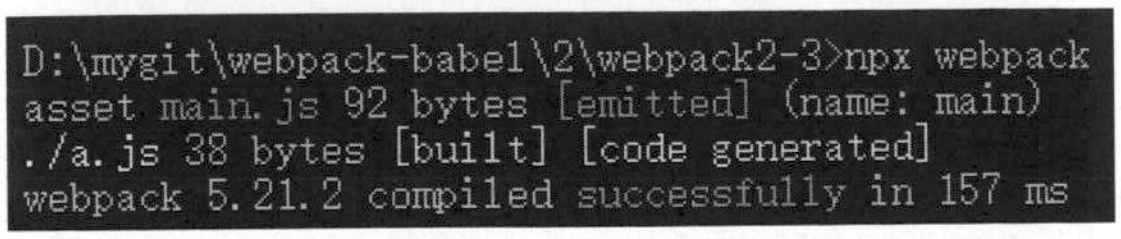

```
D:\mygit\webpack-babel\2\webpack2-3>npx webpack
asset main.js 92 bytes [emitted] (name: main)
./a.js 38 bytes [built] [code generated]
webpack 5.21.2 compiled successfully in 157 ms
```

圖 2-3 字串形式 entry 的打包結果

▋ 2. 物件形式的 entry

書附程式範例是 webpack2-4。

書附程式範例 webpack2-4 的設定檔如下。

```
const path = require('path');

module.exports = {
  entry: {
    app1: './a.js',
    app2: './f.js',
  },
  output: {
    path: path.resolve(__dirname, ''),
    filename: '[name].js'
  },
  mode: 'none'
};
```

執行 npx webpack 命令後，主控台顯示打包結果如圖 2-4 所示。

```
D:\mygit\webpack-babel\2\webpack2-4>npx webpack
asset app1.js 92 bytes [emitted] (name: app1)
asset app2.js 86 bytes [emitted] (name: app2)
./a.js 38 bytes [built] [code generated]
./f.js 32 bytes [built] [code generated]
webpack 5.21.2 compiled successfully in 201 ms
```

圖 2-4 物件形式 entry 的打包結果

可以看到，輸出檔案的名稱 [name] 是物件的屬性名稱，分別為 app1.js 與 app2.js，對應每一個入口檔案。

2.3.2 Webpack 的 output.path

path 表示資源打包後輸出的位置,該位置位址需要的是絕對路徑。如果你不設定它,Webpack 預設其為 dist 目錄。

需要注意的是,path 輸出位置表示的是在磁碟上建構生成的真實檔案存放位址。我們在開發時,一般會用 webpack-dev-server 開啟一個本機伺服器,這個伺服器可以自動刷新和熱載入等,它生成的檔案存放在記憶體中而非在電腦磁碟中。對於該記憶體中的檔案路徑,我們會用 Webpack 設定檔的 devServer 設定項目的 publicPath 表示,它虛擬映射了電腦磁碟路徑。

webpack-dev-server 中 publicPath 的使用將在之後的章節中講解。

2.3.3 Webpack 的 output.publicPath

設定項目 output 中的 publicPath 表示的是資源存取路徑,在 Web 開發時其預設值是字串 auto。注意這個 publicPath 屬於 output 設定項目,和上面説到的 devServer 設定項目的 publicPath 不一樣。

資源存取路徑 publicPath 與資源輸出位置 path 很容易搞混,下面講一下它倆的區別。

資源輸出位置表示的是本次打包完成後,資源存放在磁碟中的位置。

資源存放到磁碟後,瀏覽器如何知道該資源存放在什麼位置呢?這個時候需要我們指定該資源的存取路徑,這個存取路徑就是用 output.publicPath 來表示的。

在 Web 開發時，設定項目 output.publicPath 的預設值是 auto，表示資源呼叫者與被呼叫者在同一目錄下。我們透過一個例子來觀察它，書附程式範例是 webpack2-5。

專案目錄如下，一共有兩個 JS 檔案，a.js 檔案裡使用動態 import 語法 import() 引入了 b.js 檔案，b.js 檔案會列印數字 2022。

```
|--a.js
|--b.js
|--index.html
|--package.json
|--webpack.config.js
```

a.js 檔案的內容如下。

```
import('./b.js');
```

b.js 檔案的內容如下。

```
var year = 2022;
console.log(year);
```

index.html 檔案的內容如下。

```
<!DOCTYPE html>
<html lang="en">
<head>
  <script src="bundle.js"></script>
</head>
<body>
</body>
</html>
```

webpack.config.js 檔案的內容如下。

```
var path = require('path');

module.exports = {
  entry: './a.js',
  output: {
    path: path.resolve(__dirname, ''),
    filename: 'bundle.js',
  },
  mode: 'none'
};
```

接下來本地安裝 Webpack。

```
npm install --save-dev webpack@5.21.2  webpack-cli@4.5.0
```

執行 npx webpack 命令，完成打包後觀察專案目錄，如圖 2-5 所示。

圖 2-5　專案目錄

可以觀察到專案目錄裡多了兩個檔案：bundle.js 與 1.bundle.js。前者是從入口檔案 a.js 開始打包生成的 output.filename 指定的檔案，後

者是動態載入 JS 模組而生成的非同步資源檔，b.js 檔案被單獨打包成
1.bundle.js 檔案。

然後我們在瀏覽器裡打開 index.html 檔案並觀察，如圖 2-6 所示。

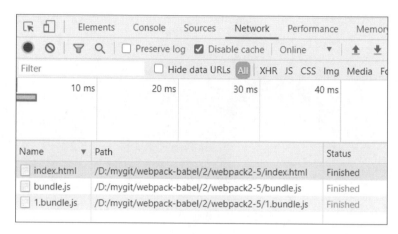

圖 2-6　在瀏覽器裡打開 index.html 檔案並觀察

可以看到 bundle.js 檔案與 1.bundle.js 檔案在同一存取目錄下。這是因
為 output.publicPath 的預設值是字串 auto，Webpack 自動決定其存取
路徑。

我們可以把 output.path 改成 path.resolve(__dirname, 'dist')，bundle.
js 檔案與 1.bundle.js 檔案仍然會在同一目錄 dist 下，對應的書附程式
範例是 webpack2-6。

webpack.config.js 檔案的內容如下。

```
var path = require('path');

module.exports = {
  entry: './a.js',
  output: {
```

```
  path: path.resolve(__dirname, 'dist'),
  filename: 'bundle.js',
 },
 mode: 'none'
};
```

另外，對 HTML 檔案引入 JS 檔案的路徑也做對應的修改。

index.html 檔案的內容如下。

```
<!DOCTYPE html>
<html lang="en">
<head>
  <script src="dist/bundle.js"></script>
</head>
<body>
</body>
</html>
```

本地安裝 Webpack。

```
npm install --save-dev webpack@5.21.2  webpack-cli@4.5.0
```

執行 npx webpack 命令，完成打包後進行觀察。

我們發現專案目錄下多了一個 dist 資料夾，並且 dist 資料夾下有
bundle.js 與 1.bundle.js 兩個檔案，我們在瀏覽器裡打開 index.html 檔
案並觀察，如圖 2-7 所示。

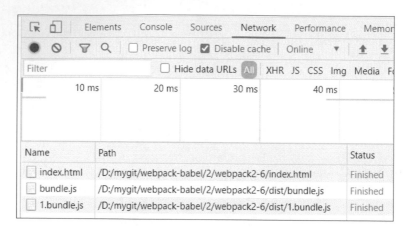

圖 2-7 在瀏覽器裡打開 index.html 檔案並觀察

可以看到 bundle.js 檔案與 1.bundle.js 檔案仍然在同一目錄下，因為我們沒有設定 output.publicPath 項，它取了預設值 auto，Webpack 自行決定了其存取路徑。

在實際開發中，開發者通常需要設定 output.publicPath。現在我們改變 output.publicPath 的值，觀察 1.bundle.js 檔案的呼叫路徑有何變化，書附程式範例是 webpack2-7。

我們把 output.publicPath 設定為 publicPath: './js/'。a.js 檔案及 b.js 檔案的程式依然不變，只是存放在了 src 目錄下。

```
|--src
|--a.js
|--b.js
|--index.html
|--package.json
|--webpack.config.js
webpack.config.js
  var path = require('path');
```

```
module.exports = {
  entry: './src/a.js',
  output: {
    path: path.resolve(__dirname, 'dist'),
    filename: 'bundle.js',
    publicPath: 'js/',
  },
  mode: 'none'
};
```

index.html 檔案的內容如下。

```
<!DOCTYPE html>
<html lang="en">
<head>
  <script src="dist/bundle.js"></script>
</head>
<body>
</body>
</html>
```

本地安裝 Webpack。

```
npm install --save-dev webpack@5.21.2  webpack-cli@4.5.0
```

執行 npx webpack 命令，完成打包後進行觀察。

觀察專案目錄，我們發現和剛才的一樣，bundle.js 與 1.bundle.js 這兩個檔案在 dist 目錄下。

在瀏覽器裡打開 index.html 檔案並觀察，我們發現顯示出錯了，如圖 2-8 所示。

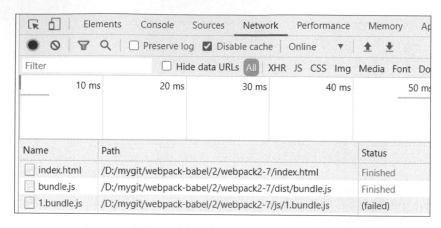

圖 2-8 在瀏覽器裡打開 index.html 檔案並觀察

可以發現，1.bundle.js 檔案的存取路徑是 .../webpack2-7/js/1.bundle.js，這就是我們設定 publicPath 後的效果。

在把 publicPath 設定為 'assets/' 這類路徑時，它是相對於當前 HTML 頁面路徑設定值的。

2.3.4 output.publicPath 與資源存取路徑

output.publicPath 的值有函數與字串兩種形式，通常我們使用字串形式的值。

在使用字串形式的值時，Webpack 5 官方檔案中主要提供了五種形式的值，分別是相對 URL（relative URL）、相對伺服器地址（server-relative）、絕對 HTTP 協定位址（protocol-absolute）、相對 HTTP 協定位址（protocol-relative）和 auto。

下面我們都以當前瀏覽的頁面 URL 是 https://www.example.org/w3c/，要存取的資源名稱是 bundle-3fa2.js 為例來進行講解。

1. 相對 URL

前面講解的例子裡的 "js/"（或 "./js/"）就屬於這種形式的值，它是相對於當前瀏覽的 HTML 頁面路徑設定值的。

output.publicPath 的值以 "./"、'js/' 或 "../" 等開頭，表示要存取的資源以當前頁面 URL 作為基礎路徑。

```
publicPath: ""
// 資源的造訪網址是 https://www.example.org/w3c/bundle-3fa2.js

publicPath: "../dist/"
// 資源的造訪網址是 https://www.example.org/dist/bundle-3fa2.js
```

2. 相對伺服器地址

output.publicPath 的值以 "/" 開頭，表示要存取的資源以當前頁面的伺服器地址根目錄作為基礎路徑。

```
publicPath: "/"
// 資源的造訪網址是 https://www.example.org/bundle-3fa2.js

publicPath: "/dist/"
// 資源的造訪網址是 https://www.example.org/dist/bundle-3fa2.js
```

我們來看一個例子，書附程式範例是 webpack2-8。

webpack.config.js 檔案的內容如下。

```
var path = require('path');

module.exports = {
  entry: './src/a.js',
  output: {
```

```
    path: path.resolve(__dirname, 'dist'),
    filename: 'bundle.js',
    publicPath: '/js/',
  },
  mode: 'none'
};
```

打包後放在本地 8086 通訊埠開啟的 Node 服務上觀察，如圖 2-9 所示。

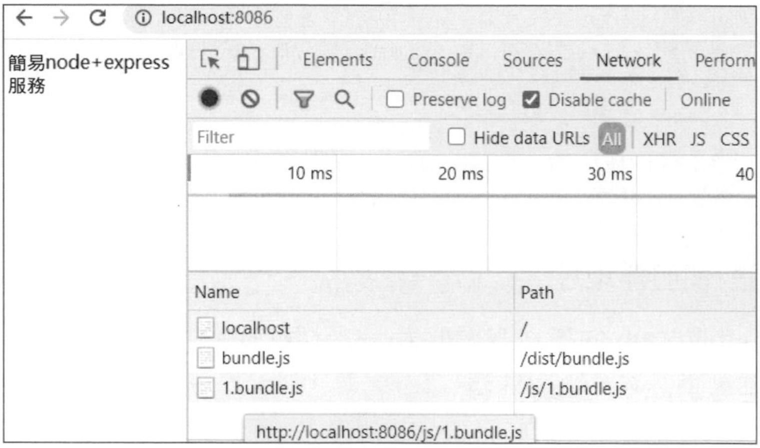

圖 2-9 打包後觀察

我們發現 1.bundle.js 檔案現在以伺服器地址根目錄作為基礎路徑。

3. 絕對 HTTP 協定位址

output.publicPath 的值以 HTTP 協定名稱開始，代表絕對 HTTP 協定位址，一般在使用 CDN 或物件儲存的時候，我們會採用這種方式。現代前端專案中很大一部分靜態資源都是透過 CDN 進行存取的。

Web 中常見的協定名稱有 HTTP 和 HTTPS，例如我的網站（見連結 16）的協定名稱就是 HTTPS。

下面看一下 output.publicPath 的值以協定名稱開始的例子，在以協定名稱開始的 publicPath 中，資源的造訪網址是 publicPath 代表的絕對路徑加上資源名稱。

```
publicPath: https://cdn.example.org/
// 資源的造訪網址是 https://cdn.example.org/bundle-3fa2.js
```

▋ 4. 相對 HTTP 協定位址

相對 HTTP 協定位址以 // 開頭，與絕對 HTTP 協定位址相比，它省略了前面的 https: 或 http:。

在使用相對 HTTP 協定位址的時候，瀏覽器會將當前頁面使用的協定名稱與相對協定位址拼接，這樣本質上與使用絕對 HTTP 協定位址是一樣的。

```
publicPath: "//cdn.example.org/dist/"
// 資源的造訪網址是 https://cdn.example.org/dist/bundle-3fa2.js
```

我們來看一個例子，書附程式範例是 webpack2-9。

webpack.config.js 檔案的內容如下。

```
var path = require('path');

module.exports = {
  entry: './src/a.js',
  output: {
    path: path.resolve(__dirname, 'dist'),
    filename: 'bundle.js',
    publicPath: 'https://cdn.example.org/',
  },
  mode: 'none'
};
```

打包後我們直接在本地瀏覽器裡打開觀察，如圖 2-10 所示。

Name	Path	Status	Type
index.html	/D:/demo/webpack2-9/index.h...	Finished	document
bundle.js	/D:/demo/webpack2-9/dist/bu...	Finished	script
1.bundle.js	/1.bundle.js	(failed)	script

https://cdn.example.org/1.bundle.js

圖 2-10　在本地瀏覽器裡打開觀察

我們發現 1.bundle.js 檔案現在以絕對路徑位址作為基礎路徑。因為 https://cdn.example.org/ 上其實並沒有這個檔案，所以在演示的例子中存取不到這個檔案。

▌ 5. auto

在前面，我們已經使用過值為 auto 的 output.publicPath，Webpack 自行決定了其存取路徑。Webpack 會透過 import.meta.url、document.currentScript、script.src 或 self.location 這些變數來自行決定其存取路徑。

2.3.5　Webpack 的 output.chunkFilename

chunkFilename 也用來表示打包後生成的檔案名稱，那麼它和 filename 有什麼區別呢？ chunkFilename 表示的是打包過程中非入口檔案的 chunk 名稱，通常在使用非同步模組的時候，會生成非入口檔案的 chunk。在前面的例子中，a.js 檔案裡有 import('./b.js')，其中的 b.js 就是一個非同步模組，它被打包成 1.bundle.js 檔案，這個名稱就是預設的 output.chunkFilename。與 output.filename 一樣，它支援預留位置，例如使用 [id].js。

我們把之前例子中的 chunkFilename 改成 [chunkhash:8].js，書附程式
範例是 webpack2-10。

webpack.config.js 檔案的內容如下。

```
var path = require('path');

module.exports = {
  entry: './a.js',
  output: {
    path: path.resolve(__dirname, ''),
    filename: 'bundle.js',
    chunkFilename: '[chunkhash:8].js',
  },
  mode: 'none'
};
```

觀察打包後的檔案程式，我們發現 b.js 檔案被打包成了 2e5ce819.js 檔
案，這表示 output.chunkFilename 對非入口檔案命名生效了。

本節主要講解了 Webpack 的資源出口 output 設定項目的 filename、
path、publicPath 和 chunkFilename 屬性。

Webpack 的資源出口設定是要結合資源入口設定進行設定的。本節涉及
的概念比較多，需要讀者對 Webpack 模組和 Web 快取等知識有一定的
了解。如果有些概念暫時無法了解也是正常的，畢竟 Webpack 的複雜
性都「催生」出了 Webpack 設定工程師這個職務。

筆者對讀者的學習建議是循序漸進，先不要考慮將設定發佈到線上，那
麼就可以從以上這四個屬性中去掉 publicPath。如果對非同步模組不了
解，那麼就暫時不使用 chunkFilename。現在去掉了兩個屬性，只對
output 設定項目的 filename 和 path 屬性進行深入學習即可。

在讀者了解了這兩個屬性以後,再接著學習去掉的兩個屬性。

2.4 hash、fullhash、chunkhash 和 contenthash 的區別

Webpack 中的 hash、fullhash、chunkhash 和 contenthash 主要與瀏覽器快取有關,本節對它們進行講解。

2.4.1 瀏覽器快取

在講 hash 之前,先簡單講解一下瀏覽器的快取知識,將有助大家了解 hash。

當瀏覽器存取一個 HTML 頁面時,HTML 頁面會載入 JS、CSS 和圖片等外部資源,這需要花費一定的載入時間。如果頁面上有一些外部資源是長時間不變的,如 jQuery.js 檔案或 Logo 圖片等,那麼我們可以把這部分資源儲存在本地磁碟,這就是快取。在下一次存取該頁面的時候,直接從本地磁碟取回快取的 jQuery.js 檔案或 Logo 圖片等,這樣就不需要花時間載入了。

那麼瀏覽器怎麼知道該資源是從本地磁碟取,還是從網路伺服器請求下載呢?可以在瀏覽器第一次存取頁面的時候,網路伺服器對於需要快取在使用者本地磁碟的資源附加表示資源快取有效期的回應標頭,如 cache-control 等。

瀏覽器獲得資源後,只要名稱相同資源在快取有效期內,就會把該資源一直快取在本地磁碟中。於是下一次存取該頁面的時候,對於名稱相同資源,不會再去請求網路伺服器的資源,而是直接使用本地磁碟中的。

我們在網路伺服器上可以把快取的有效期設定為幾天、幾個月甚至幾年，使該資源長時間快取在本地磁碟中。但是，如果我們的資源內容變化了，例如 jQuery.js 檔案裡的程式變動了，不想使用本地快取中的檔案了，該怎麼辦？

一個辦法就是為 jQuery.js 檔案起一個獨特的名字，如 jQuery-8af331g2.js。只要 jQuery-8af331g2.js 的程式內容沒變，我們的 HTML 頁面就引入名字是 jQuery-8af331g2.js 的檔案。

```
<script src="jQuery-8af331g2.js"></script>
```

今後只要檔案程式內容不變，我們在初次存取頁面後，就可以一直使用快取在本地的 jQuery-8af331g2.js 檔案。

如果程式內容變化了，瀏覽器再使用 jQuery-8af331g2.js 檔案就會出現問題，那麼我們就用一個新的名字，如 jQuery-3b551ac6.js，我們將 HTML 頁面引入檔案的名字修改成 jQuery-3b551ac6.js。

```
<script src="jQuery-3b551ac6.js"></script>
```

這時瀏覽器發現本地沒有快取該名字的 JS 檔案，就會去網路伺服器請求資源 jQuery-3b551ac6.js，保證該資源的準確性。

只要資源變動了，我們就需要使用一個新的類似 3b551ac6 這樣的名字。那麼我們如何保證每次變動後新產生的名字都是唯一的呢？這就引出了我們要講的 hash 知識。

2.4.2 Webpack 與 hash 演算法

hash，中文可譯作雜湊。接觸過資料結構與演算法的讀者會了解一點 hash 演算法。我們在這裡不做過多講解，只講一下 Webpack 裡的 hash 演算法是怎麼一回事。

在使用 Webpack 的時候，Webpack 會根據所有的檔案內容計算出一個特殊的字串。只要檔案的內容有變化，Webpack 就會計算出一個新的特殊字串。

Webpack 根據檔案內容計算出特殊字串的時候，使用的就是 hash 演算法，這個特殊字串一般叫作 hash 值。

我們一般取計算出的特殊字串的前八位作為檔案名稱的一部分，因為由 hash 演算法計算出的特殊字串的前八位基本可以保證唯一性。

在 Webpack 裡，我們通常用 [hash:8] 表示取 hash 值的前八位，例如在 Webpack 設定檔中，我們用 filename: 'jQuery-[hash:8].js' 來定義檔案名稱。

2.4.3 Webpack 中 hash、fullhash、chunkhash 和 contenthash 的區別

Webpack 透過對檔案進行 hash 計算來獲得 hash 值，除了有 hash 值，還有 fullhash、chunkhash 和 contenthash 值，那麼它們有什麼不同呢？

首先，fullhash 與 hash 是一樣的，fullhash 是 Webpack 5 提出的，它用來替代之前的 hash。另外，hash、chunkhash 和 contenthash 這三者都是根據檔案內容計算出的 hash 值，只是它們計算的檔案不一樣。

hash 是根據打包中的所有檔案計算出的 hash 值。在一次打包中，所有資源出口檔案的 filename 獲得的 [hash] 都是一樣的。

chunkhash 是根據打包過程中當前 chunk 計算出的 hash 值。如果 Webpack 設定是多入口設定，那麼通常會生成多個 chunk，每個 chunk 對應的資源出口檔案的 filename 獲得的 [chunkhash] 是不一樣的。這樣可以保證打包後每一個 JS 檔案名稱都不一樣（這麼説不太嚴謹，但有助了解）。

我們來看一個例子，書附程式範例是 webpack2-11。

Webpack 設定檔如下，第一次打包的 filename 設定值為 '[name]-[hash:8].js'，第二次的設定值為 '[name]-[chunkhash:8].js'。兩次打包後主控台顯示結果分別如圖 2-11 和圖 2-12 所示。

```js
const path = require('path');

module.exports = {
  entry: {
    app1: './a.js',
    app2: './b.js',
    app3: './c.js',
  },
  output: {
    path: path.resolve(__dirname, ''),
    filename: '[name]-[hash:8].js'
    // filename: '[name]-[chunkhash:8].js'
  },
  mode: 'none'
};
```

```
D:\mygit\webpack-babel\2\webpack2-11>npx webpack
<node:1172> [DEP_WEBPACK_TEMPLATE_PATH_PLUGIN_REPLACE_PATH_VARIABLES_HASH] Depre
cationWarning: [hash] is now [fullhash] <also consider using [chunkhash] or [con
tenthash], see documentation for details>
asset app1-127653f8.js 92 bytes [emitted] [immutable] <name: app1>
asset app2-127653f8.js 86 bytes [emitted] [immutable] <name: app2>
asset app3-127653f8.js 86 bytes [emitted] [immutable] <name: app3>
./a.js 38 bytes [built] [code generated]
./b.js 32 bytes [built] [code generated]
./c.js 32 bytes [built] [code generated]
webpack 5.21.2 compiled successfully in 124 ms
```

圖 2-11 第一次打包後主控台顯示結果

```
D:\mygit\webpack-babel\2\webpack2-11>npx webpack
asset app1-700ec385.js 92 bytes [emitted] [immutable] <name: app1>
asset app2-831fe12a.js 86 bytes [emitted] [immutable] <name: app2>
asset app3-a6a84de5.js 86 bytes [emitted] [immutable] <name: app3>
./a.js 38 bytes [built] [code generated]
./b.js 32 bytes [built] [code generated]
./c.js 32 bytes [built] [code generated]
webpack 5.21.2 compiled successfully in 84 ms
```

圖 2-12 第二次打包後主控台顯示結果

contenthash 有點像 chunkhash，是根據打包時的內容計算出的
hash 值。在使用提取 CSS 檔案的外掛程式的時候，我們一般使
用 contenthash。例如下面的設定，我們生成的 CSS 檔案名稱會是
main.3aa2e3c6.css。

```
plugins:[
  new miniExtractPlugin({
    filename: 'main.[contenthash:8].css'
  })
]
```

本節介紹的 Webpack 中的 hash（fullhash）、chunkhash 和 contenthash
主要與瀏覽器快取有關。瀏覽器在初次請求伺服器端資源的時候，網路
伺服器會為 JS、CSS 和圖片等資源設定一個較長的快取時間，我們透

過給資源名稱增加 hash 值來控制瀏覽器是否繼續使用本地磁碟中的檔案。hash（fullhash）、chunkhash 和 contenthash 這三者都是根據檔案內容計算出的 hash 值，hash 是根據全部參與打包的檔案計算出來的，chunkhash 是根據當前打包的 chunk 計算出來的，contenthash 主要用於計算 CSS 檔案的 hash 值。

2.5 本章小結

在本章中，我們講解了 Webpack 資源入口和資源出口。

首先學習了模組化的知識，Webpack 是一個模組打包工具，在學習其他 Webpack 知識之前，我們需要先掌握常用的模組化使用方法。

接下來學習了 Webpack 資源入口與資源出口的相關知識，這部分知識非常重要，整個 Webpack 的打包流程是從資源入口開始的，最後把打包結果輸出到資源出口。這個過程涉及非常多的設定參數，部分參數與 Web 性能最佳化有關。

Webpack 中的 hash、fullhash、chunkhash 和 contenthash 主要與瀏覽器快取有關，本章最後對它們進行了講解。

- 2.5 本章小結

Webpack 前置處理器

在 第 1 章中，我們已經介紹過 Webpack 的前置處理器（Loader），Loader 這個詞也可以翻譯成載入器，本章會對前置處理器做進一步的講解。

前置處理器本質上是一個函數，它接收一個資源模組，然後將其處理成 Webpack 能使用的形式。

在 Webpack 中，一切皆模組。Webpack 在進行打包的時候，會把所有引入的資源檔都當作模組來處理。

Webpack 在不進行任何設定的時候，只能處理 JS 和 JSON 檔案模組，它無法處理其他類型的檔案模組。

在第 1 章中，我們已經學會用 css-loader 和 style-loader 這兩個前置處理器來處理 CSS 檔案模組。那麼在遇到圖片、字型和影音等資源的時候，Webpack 該如何處理這些模組呢？

Webpack 提供了擴充前置處理器的 API，我們可以自己撰寫一個前置處理器來處理圖片、字型和影音等資源。

當然，Webpack 也提供了比較成熟的前置處理器，我們可以直接拿來使用，例如使用 file-loader 和 url-loader 來處理圖片等資源，使用 babel-loader 來對 ES6 進行轉碼，使用 vue-loader 來處理 Vue 元件。本章會介紹一些常見前置處理器的使用方法，透過掌握 Webpack 提供的這些常用的前置處理器，可以使開發效率更高、使用者體驗更好。

另外，本章會講解更多前置處理器的設定和規則，包括 exclude 和 include 等，透過這些設定可以對 Webpack 打包進行一些最佳化，也可以滿足我們的一些特殊業務需求。

需要說明的是，有時存在某些特殊需求，需要我們開發一款自訂前置處理器，我們會在第 8 章講解如何自訂前置處理器。前置處理器本身是一個函數，因此開發一款自訂前置處理器並不難。

3.1 前置處理器的設定與使用

本節將講解 Webpack 前置處理器的設定與使用。

3.1.1 前置處理器的關鍵設定

我們先看一下 1.4 節裡使用過的 Webpack 設定，我們使用 style-loader 和 css-loader 這兩個前置處理器來處理 CSS 檔案。

webpack.config.js 檔案的內容如下。

```
var path = require('path');

module.exports = {
  entry: './a.js',  // a.js 裡引入了 CSS 檔案
  output: {
    path: path.resolve(__dirname, ''),
    filename: 'bundle.js'
  },
  module: {
    rules: [{
      test: /\.css$/,
      use: ['style-loader', 'css-loader']
    }]
  },
  mode: 'none'
};
```

可以看到，前置處理器是在設定項目 module 下設定的，那麼這個設定項目為何叫作 module ？這是因為 module 是模組的意思，用這個名字可以表示這個設定是用來對模組進行解析與處理的。

module 設定項目裡最重要的設定子項就是 rules，它定義了前置處理器的處理規則，下面詳細説明 rules 的設定。

rules 是一個陣列，陣列的每一項都是一個 JS 物件，這些物件有兩個關鍵屬性 test 和 use。test 是一個正規標記法或正規標記法陣列，模組檔案名稱與正規標記法相匹配的，會被 use 屬性裡的前置處理器處理。use 可以是字串、物件或陣列，表示要使用的前置處理器。

如果使用單一前置處理器，那麼可以取字串，如 use: 'babel-loader'。

如果該前置處理器可以額外設定參數，那麼 use 的值可以是物件，額外設定的參數放在 options 裡（也有部分前置處理器的額外設定參數放在 query 裡），如 use: {loader: 'babel-loader', options: {...}}。

如果使用多個前置處理器進行鏈式處理，那麼 use 的值可以是陣列，陣列的每一項都可以是字串或物件，這些字串或物件的使用方法同上。鏈式處理的順序是從後向前，也就是從陣列最後一項的前置處理器開始處理模組，處理完成後把處理結果交給陣列倒數第二項的前置處理器進行處理，一直到陣列第一項的前置處理器把該模組處理完。

3.1.2 exclude 和 include

除了 test 和 use 這兩個關鍵屬性，rules 還有 exclude 和 include 等屬性。

如果我們有一些檔案不想被正規標記法匹配到的前置處理器處理，那麼我們可以設定 exclude 屬性，exclude 的中文意思是排除。

exclude 的值可以是字串或正規標記法，字串需要是絕對路徑。

我們來看一個例子。

```
rules: [{
  test: /\.js$/,
  use: ['babel-loader'],
  exclude: /node_modules/,
}]
```

上面的設定表示，除了 node_modules 資料夾，對所有以 js 為副檔名的檔案模組使用 babel-loader 進行處理。

include 的意思正好與 exclude 相反，它表示只對匹配到的檔案進行處理。

```
rules: [{
  test: /\.js$/,
  use: ['babel-loader'],
  include: /src/,
}]
```

上面的設定表示，只對 src 目錄下以 js 為副檔名的檔案模組使用 babel-loader 進行處理。

如果 exclude 與 include 同時存在，Webpack 會優先使用 exclude 的設定。

3.1.3 其他前置處理器寫法

在 Webpack 版本更新的歷程裡，出現過不同的前置處理器寫法。

下面先看一種比較常見的前置處理器寫法。下面這個例子是 vue-cli 裡的設定，這裡沒有使用 use 屬性而是直接使用了 loader 屬性來指定要使用的前置處理器。

```
rules: [
  {
    test: /\.(js|vue)$/,
    loader: 'eslint-loader',
    enforce: 'pre',
    include: [resolve('src'), resolve('test')],
    options: {
      formatter: require('eslint-friendly-formatter')
    }
  },
]
```

在 Webpack 1.x 版本的時候，還有使用 loaders 設定項目的寫法，現在
已經被 rules 設定項目取代了。

```
module: {
  loaders: [
    {
      test: /\.json$/,
      loader: "json"
    },
    {
      test: /\.js$/,
      exclude: /node_modules/,
      loader: 'babel'
    }
  ]
}
```

其他的前置處理器寫法就不再列舉了，本節內容的關鍵是掌握前置處理
器的本質，當見到其他的前置處理器寫法的時候只需要查一下資料就可
以了。

3.2 Babel 前置處理器 babel-loader

Babel 的具體基礎知識會在本書後半部分講解，本節先詳細說明 babel-
loader 的使用方法。

3.2.1 引入問題

假設我們的原始 JS 程式如下。

```
// a.js
let add = (a, b) => a + b;
console.log(add(3, 5));
```

以上使用到的 ES6 語法有兩個，let 變數宣告語法和箭頭函數語法。

我們在一個 HTML 檔案裡引入該 JS 指令稿，然後在 Firefox 27 瀏覽器中打開該 HTML 檔案，主控台顯示出錯，原因是 Firefox 27 瀏覽器不支援 let 變數宣告語法，如圖 3-1 所示。

圖 3-1　主控台顯示出錯

接下來，我們需要使用工具，把我們的原始 JS 程式轉換成舊瀏覽器支援的 ES5 語法的程式。

3.2.2　直接使用 Webpack

我們直接使用 Webpack 打包，但不使用 Babel。

webpack.config.js 檔案的內容如下，書附程式範例是 webpack3-1。

```
var path = require('path');

module.exports = {
  entry: './a.js',
  output: {
    path: path.resolve(__dirname, ''),
    filename: 'bundle.js'
```

```
  },
  mode: 'none'
};
```

安裝對應的 npm 套件後執行 npx webpack 命令打包，我們發現即使沒有使用 Babel，Webpack 仍然可以完成打包。

我們觀察一下打包後的 bundle.js 檔案程式，發現 ES6 程式沒有發生轉換，如圖 3-2 所示。

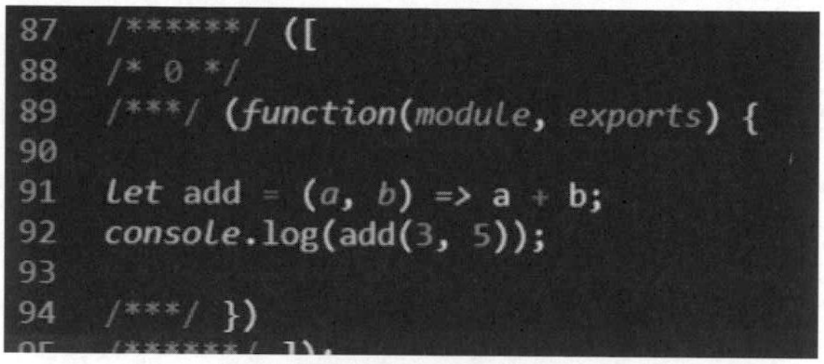

圖 3-2　ES6 程式沒有發生轉換

接著在 HTML 檔案裡引入 bundle.js 檔案，在 Firefox 27 瀏覽器中打開該檔案，出現顯示出錯資訊。顯示出錯資訊與之前直接引入 a.js 檔案時一樣。

於是我們得出一個結論，在 Webpack 打包 JS 檔案的時候，如果不使用 babel-loader，可以完成打包，只是打包後的 ES6 程式不會轉換成 ES5 程式。

3.2.3　使用 babel-loader

接下來，我們在使用 Webpack 打包時，使用 Babel 來將 ES6 程式轉換成 ES5 程式。

Babel 是一系列工具,在使用 Webpack 打包時,主要使用 babel-loader 這個前置處理器。Webpack 呼叫該前置處理器來使用 Babel 的功能,將 ES6 程式轉換成 ES5 程式。

使用 babel-loader 的時候需要先安裝對應的 npm 套件。

```
# 安裝 Babel 核心套件及 babel-loader
npm install -D @babel/core@7.13.10 babel-loader@8.2.2
```

我們選擇使用 @babel/preset-env 這個 Babel 預設進行轉碼,所以也需要安裝它。

```
npm install -D @babel/preset-env@7.13.10
```

如果讀者對 Babel 的使用方法不太熟悉,也可以翻到本書後半部分先學習一下 Babel 部分。

我們在設定檔 webpack.config.js 裡加入 babel-loader,書附程式範例是 webpack3-2。

```
var path = require('path');

module.exports = {
  entry: './a.js',
  output: {
    path: path.resolve(__dirname, ''),
    filename: 'bundle.js'
  },
  module: {
    rules: [
      {
        test: /\.js$/,
        exclude: /node_modules/,
        use: {
```

```
        loader: 'babel-loader',
        options: {
          presets: ['@babel/preset-env']
        }
      }
    }
  ]
},
mode: 'none'
};
```

注意，我們除了使用 babel-loader，還增加了設定項目 options，該設定項目與單獨的 Babel 設定檔裡的基本一致，這裡我們使用了 @babel/preset-env。

安裝對應的 npm 套件後，執行 npx webpack 命令打包，觀察打包後的 bundle.js 檔案程式如下。

```
/******/ (() => { // webpackBootstrap
var __webpack_exports__ = {};
var add = function add(a, b) {
  return a + b;
};


console.log(add(3, 5));
/******/ })()
;
```

我們發現 ES6 程式已經轉換成 ES5 程式，在 Firefox 27 瀏覽器中打開對應的 HTML 檔案，主控台日誌正常輸出 3+5 的結果 8。

babel-loader 設定項目 options 除了可以設定正常的 Babel 設定項目，還可以開啟快取。可以透過增加 cacheDirectory:true 屬性來開啟快取。

在初次打包後再次打包,如果 JS 檔案未發生變化,可以直接使用初次
打包後的快取檔案,這樣避免了二次轉碼,可以有效提高打包速度。

```
use: {
  loader: 'babel-loader',
  options: {
    cacheDirectory: true,
    presets: ['@babel/preset-env']
  }
}
```

對於 Babel 設定較複雜的情況,我們可以在專案根目錄下單獨建立一個
Babel 設定檔,如 babel.config.js。將 presets 和 plugins 等設定項目寫
在 babel.config.js 檔案中,babel-loader 會自動讀取檔案並使用該預設
設定檔的設定。

3.3 檔案資源前置處理器 file-loader

file-loader 是一個檔案資源前置處理器。file-loader 在 Webpack 中的
作用是:處理檔案匯入敘述並替換成它的造訪網址,同時把檔案輸出到
對應位置。其中檔案匯入敘述包括 JS 的 import ... from '...' 和 CSS 的
url()。

上述不太好了解,下面舉兩個例子幫助讀者了解。

3.3.1 file-loader 處理 JS 引入的圖片

在這個例子裡,我們有一個簡單的 HTML 檔案,它有一個 id="main" 的
div。我們想要透過 import 模組匯入語法引入一張圖片,然後透過 JS

操作原生 DOM，把該圖片插入 id="main" 的 div 裡，書附程式範例是
webpack3-3。

HTML 檔案 index.html 的程式如下。

```
<!DOCTYPE html>
<html lang="en">
<head>
  <script src="bundle.js"></script>
</head>
<body >
  <div id="main"></div>
</body>
</html>
```

我們知道 Webpack 在不進行額外設定的情況下，其自身是無法解析、
處理圖片等媒體資源的，因此我們需要做一些設定來讓 Webpack 可以
處理 JS 引入的圖片資源。原生的 JS 並不支援這種 import 模組匯入語
法來引入圖片，這時就需要借助 file-loader 的功能了。下面是 JS 操作
DOM 插入圖片的程式。

```
// a.js
import img from './sky.jpg';

console.log(img);

var dom = `<img src='${img}' />`;
window.onload = function () {
  document.getElementById('main').innerHTML = dom;
}
```

我們首先引入了外部圖片，並將其設定值給變數 img。接下來，使用
console.log(img) 在主控台上輸出變數 img，它是一個字串，字串內容

是 file-loader 處理後的圖片造訪網址。最後我們用原生 DOM 操作,把圖片插入 id="main" 這個 div 元素裡。

接下來是我們的 Webpack 設定檔。

```
// webpack.config.js
const path = require('path');

module.exports = {
  entry: './a.js',
  output: {
    path: path.resolve(__dirname, ''),
    filename: 'bundle.js'
  },
  module: {
    rules: [{
      test: /\.jpg$/,
      use: 'file-loader'
    }]
  },
  mode: 'none'
};
```

設定很簡單,資源入口檔案就是 a.js 檔案,打包後生成的 bundle.js 檔案存放在專案根目錄下。另外,還有一個 file-loader 用來處理 jpg 檔案,我們的 sky.jpg 圖片也存放在專案根目錄下。

最後,安裝好對應的 npm 套件(安裝命令以下),執行 npx webpack 命令打包,打包後的目錄結構如圖 3-3 所示。

```
npm install -D webpack@5.21.2  webpack-cli@4.5.0
npm install -D file-loader@6.2.0
```

圖 3-3 打包後的目錄結構

我們用 Chrome 瀏覽器打開 HTML 檔案並開啟開發者工具，如圖 3-4 所示。

圖 3-4 打開 HTML 檔案並開啟開發者工具

可以看到，我們已經成功把圖片插入 div 裡了，並且主控台輸出的圖片路徑是 file:///D:/mygit/webpack-babel/3/webpack3-3/5d99f3aefcfa4bc41a7fb809d18ee6d9.jpg（這是 Windows 作業系統中的路徑，在其他作業系統中會有所變化）。

5d99f3aefcfa4bc41a7fb809d18ee6d9 是 file-loader 根據檔案內容計算出的檔案名稱，會在 3.4 節講解相關知識。

3.3.2 file-loader 處理 CSS 引入的圖片

上面的例子描述了 file-loader 處理 JS 引入的圖片，接下來這個例子展示 file-loader 處理 CSS 引入的圖片，書附程式範例是 webpack3-4。

這個例子的目標很簡單，給頁面 body 元素設定一個背景圖，透過一個 CSS 檔案來實現。顯然，我們需要安裝處理 CSS 的相關前置處理器，包括 css-loader 和 style-loader。

在 CSS 裡 設 定 背 景 圖 需 要 使 用 background: url() 語 法，為 了 讓 Webpack 支援處理圖片，我們需要使用 file-loader。

這個例子的更多細節無須介紹，具體程式已列出，讀者直接查看即可。打包後的目錄結構及頁面效果分別如圖 3-5 和圖 3-6 所示，對應的 npm 套件都已經介紹過了，書附程式範例裡直接使用 npm install 命令進行了安裝。

```
<!DOCTYPE html>
<html lang="en">
<head>
  <script src="bundle.js"></script>
</head>
<body>
  <div class="hello">Hello, Loader</div>
</body>
</html>
// a.js
import './b.css'
body {
```

```
  background: url(sky.jpg) no-repeat;
}
// webpack.config.js
const path = require('path');

module.exports = {
  entry: './a.js',
  output: {
    path: path.resolve(__dirname, ''),
    filename: 'bundle.js'
  },
  module: {
    rules: [{
      test: /\.css$/,
      use: ['style-loader', 'css-loader']
    },{
      test: /\.jpg$/,
      use: 'file-loader'
    }]
  },
  mode: 'none'
};
```

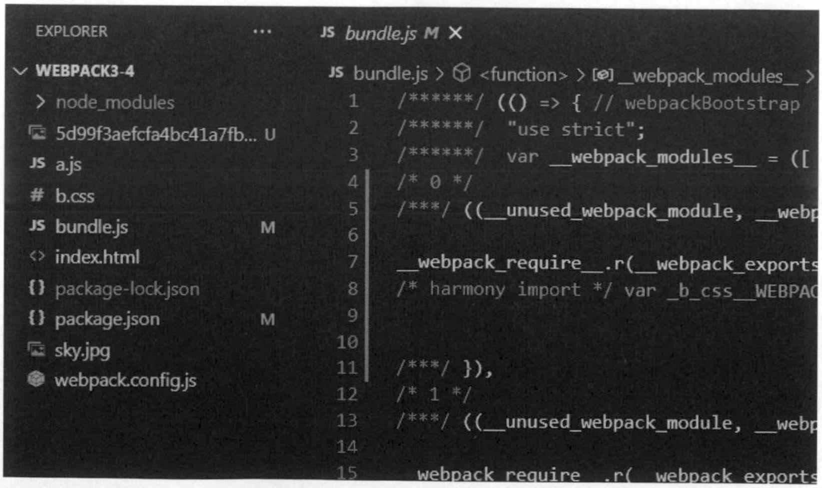

圖 3-5 打包後的目錄結構

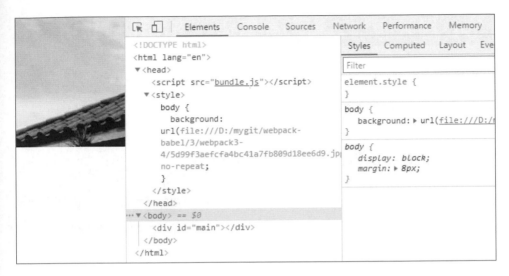

圖 3-6　頁面效果

3.3.3　file-loader 的其他知識

上面兩個例子介紹了 file-loader 處理 JS 和 CSS 引入圖片的方法。

file-loader 的本質功能是複製資源檔並替換造訪網址,因此它不僅可以處理圖片資源,還可以處理影音等資源。

更多關於 file-loader 的知識,例如打包後的圖片名稱為何變成了 be735 c18be4066a1df0e48a1173b538e.jpg 以及處理路徑位址的一些細節,我們會在 3.4 節中講解。

接下來我們將介紹 url-loader,它是 file-loader 的增強版,實現了 file-loader 的所有功能並增加了額外功能。

3.4 增強版檔案資源前置處理器 url-loader

url-loader 是 file-loader 的增強版,它除支持 file-loader 的所有功能外,還增加了 Base64 編碼的能力。

3.4.1 url-loader 的 Base64 編碼

url-loader 的特殊功能是可以計算出檔案的 Base64 編碼,在檔案體積小於指定值(單位為 Byte)的時候,可以返回一個 Base64 編碼的 data URL 來代替造訪網址。

使用 Base64 編碼的好處是可以減少一次網路請求,從而提升頁面載入速度。

舉個例子,正常情況下 HTML 的 img 標籤引入圖片的程式如下。

```
<img src="be735c18be4066a1df0e48a1173b538e.jpg">
```

使用 Base64 編碼後,引入圖片的位址是 data:image/jpg;base64, iVBORw0 KGgoA... 這種格式的,這樣就不用去請求儲存在伺服器上的圖片了,而是使用圖片資源的 Base64 編碼。

```
<img src="data:image/jpg;base64,iVBORw0KGgoA..."> <!-- 省略符號 ... 表示
省略了剩下的 Base64 編碼資料 -->
```

在 CSS 中引入圖片也是同樣的道理。

這也是 url-loader 起這個名字的原因,因為它可以使用 Base64 編碼的 URL 來載入圖片。

我們來改造一下書附程式範例 webpack3-3，除安裝 file-loader 外，我們還安裝了 url-loader，新例子的書附程式範例是 webpack3-5。

注意，因為 url-loader 依賴 file-loader，所以必須安裝 file-loader。

```
npm install -D webpack@5.21.2  webpack-cli@4.5.0
npm install -D file-loader@6.2.0  url-loader@4.1.1
```

Webpack 的設定檔內容如下。

```js
// webpack.config.js
const path = require('path');

module.exports = {
  entry: './a.js',
  output: {
    path: path.resolve(__dirname, ''),
    filename: 'bundle.js'
  },
  module: {
    rules: [{
      test: /\.(jpg|png)$/,
      use: {
        loader: 'url-loader',
        options: {
          limit: 1024 * 8,
        }
      }
    }]
  },
  mode: 'none'
};
```

在這個設定裡，我們使用 url-loader 處理 jpg 和 png 格式的圖片，另外設定了參數 limit，對於圖片大小小於 8 KB（1KB=1024×8 Byte）的，轉換成 Base64 編碼的 URL，直接寫入打包後的 JS 檔案裡。

在這個例子裡，我們引入了兩張圖片，分別是 4 KB 的 sky.jpg 和 150 KB 的 flower.png，經過 url-loader 處理後插入 HTML 檔案裡。

```js
// a.js
import img1 from './sky.jpg';
import img2 from './flower.png';
console.log(img1);
console.log(img2);

var dom1 = `<img src='${img1}' />`;
var dom2 = `<img src='${img2}' />`;

window.onload = function () {
  document.getElementById('img1').innerHTML = dom1;
  document.getElementById('img2').innerHTML = dom2;
}
<!DOCTYPE html>
<html lang="en">
<head>
  <script src="bundle.js"></script>
</head>
<body >
  <div id="img1"></div>
  <div id="img2"></div>
</body>
</html>
```

我們來看一下透過 npx webpack 命令打包後的專案目錄，如圖 3-7 所示。

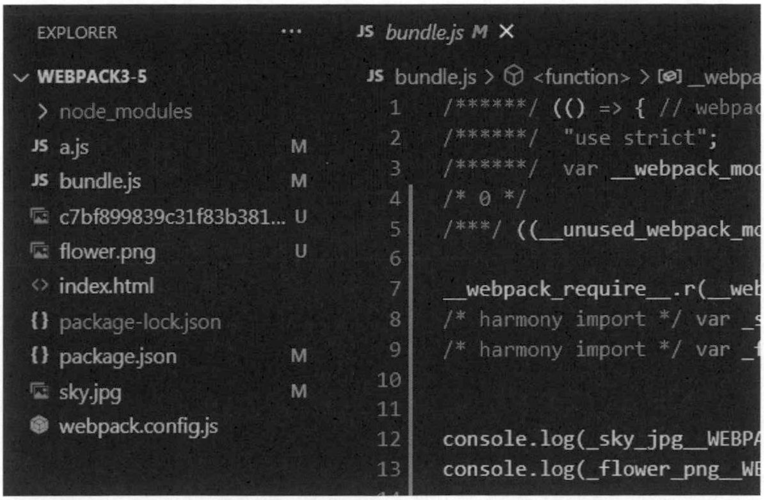

圖 3-7 打包後的專案目錄

我們用瀏覽器打開 HTML 檔案並開啟開發者工具，頁面如圖 3-8 所示。

圖 3-8 瀏覽器打開 HTML 檔案並開啟開發者工具

可以看到，因為 sky.jpg 的圖片大小小於 8 KB，被轉換成 Base64 編碼後直接打包到 JS 檔案裡，而圖片大小為 150 KB 的 flower.png 仍然透過 file-loader 來處理。

3.4.2　file-loader 與 url-loader 處理後的資源名稱

因為 url-loader 處理圖片大小大於 limit 值的圖片的時候，本質上是使用 file-loader 來進行處理的，3.4.2 與 3.4.3 這兩節的內容對 file-loader 與 url-loader 都適用。

之前例子裡 file-loader 與 url-loader 處理後的圖片格式類似於 5d99f3aefcfa4bc41-a7fb809d18ee6d9.jpg，憑經驗大概可以猜測到這是一個 hash 值。

file-loader 生成的檔案預設的檔案名稱是 "[contenthash].[ext]"，contenthash 是資源內容的 hash 值，ext 是檔案副檔名。我們可以透過設定 name 項來修改生成檔案的名字。

file-loader 除 [contenthash] 和 [ext] 這兩個常用的預留位置外，還有 [hash] 和 [name] 預留位置，[hash] 也是根據內容計算出的 hash 值，[name] 是檔案的原始名稱。

3.4.3　file-loader 與 url-loader 處理後的資源路徑

file-loader 預設使用 output.publicPath 作為資源造訪網址，我們也可以在 file-loader 的設定項目 options 裡設定 publicPath 參數，它會覆蓋 output.publicPath。

下面我們看一個例子，該例子同時包含了 3.4.2 和 3.4.3 節的基礎知識，書附程式範例是 webpack3-6。

```js
// webpack.config.js
const path = require('path');

module.exports = {
  entry: './a.js',
  output: {
    path: path.resolve(__dirname, 'dist'),
    filename: 'bundle.js'
  },
  module: {
    rules: [{
      test: /\.(jpg|png)$/,
      use: {
        loader: 'url-loader',
        options: {
          limit: 1024 * 8,
          name: '[name]-[contenthash:8].[ext]',
          publicPath: './dist/'

        }
      }
    }]
  },
  mode: 'none'
};
```

注意，這裡我們的 output.path 是 path.resolve(__dirname, 'dist')，打包後的圖片也會存放到專案根目錄下的 dist 資料夾裡。如果這個時候不設定 publicPath，圖片的存取路徑就是預設的根目錄，執行專案時就會發生找不到圖片資源的故障。因此，我們設定圖片的 publicPath 是 './dist/'，這樣就能正常地在本地執行專案了。

我們可以觀察到專案打包後的圖片名稱變成了 flower-c7bf8998.png，
如圖 3-9 所示，與我們在 url-loader 裡設定的生成檔案名稱是一致的。

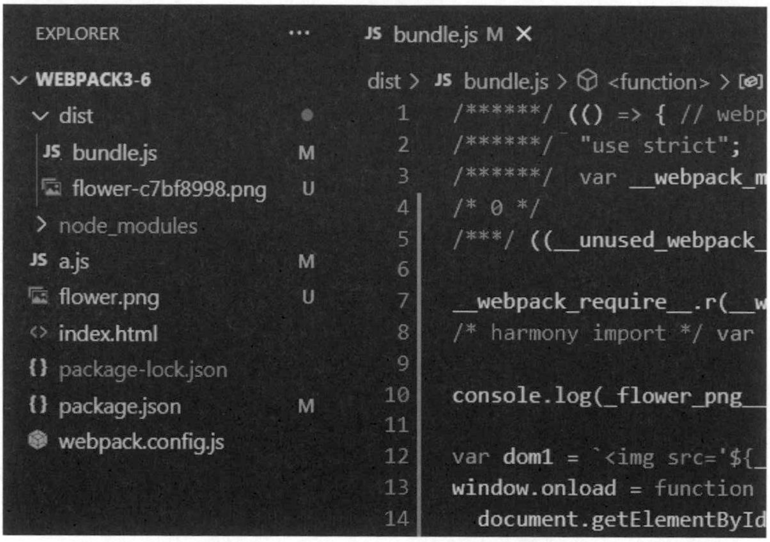

圖 3-9 專案打包後的圖片名稱

本節介紹了 url-loader，透過設定 limit 值的大小，當資源大小大於 limit
值的時候，url-loader 使用 file-loader 來處理多媒體資源，當資源大小
小於 limit 值的時候，url-loader 會計算出圖片等多媒體資源的 Base64
編碼，並將其直接打包到生成的 JS 或 CSS 檔案裡。我們要合理設定
limit 值，使打包後的 JS 或 CSS 檔案不要過大，也不要過小，沒必要為
小於 1 KB 的資源再單獨請求一次網路資源。通常會在 3~20 KB 範圍內
選擇一個適合當前專案使用的值。

3.5 本章小結

在本章中，我們講解了前置處理器的知識。

首先，我們學習了前置處理器最常見的設定，前端的大部分前置處理器都在使用這些設定，需要重點掌握。

接下來，我們學習了幾個目前前端開發常用的前置處理器，包括 babel-loader、file-loader 和 url-loader。透過對這幾個前置處理器的學習，進一步鞏固常用前置處理器的設定。

使用 ES6 語法及用 TypeScript 語言開發的前端專案，其中必備的前置處理器就是 babel-loader。透過呼叫 Babel 的功能，它就可以把我們的程式轉換成絕大部分瀏覽器都支援的 ES5 語法的程式。

Webpack 處理圖片和影音等媒體資源時，也需要在 module 裡進行設定。在 Webpack 5 之前，主要使用 file-loader 和 url-loader 等前置處理器，在 Webpack 5 裡，雖然可以使用後續章節會講解的 Asset Modules，但 file-loader 等前置處理器更加靈活，本章對它們進行了詳細講解。

- 3.5 本章小結

Webpack 外掛程式

第 3 章講解了 Webpack 中前置處理器的使用方法，前置處理器主要是用來解析模組的。本章主要講解外掛程式的使用方法，外掛程式與前置處理器的目的是不一樣的，外掛程式是在 Webpack 編譯的某些階段，透過呼叫 Webpack 對外曝露出的 API 來擴充 Webpack 的能力的。

4.1 外掛程式簡介

顧名思義，外掛程式是用來擴充 Webpack 功能的，本章重點講解一些常用的擴充外掛程式。雖然名字叫外掛程式，但外掛程式是 Webpack 的骨幹，Webpack 自身也建立於外掛程式系統之上。

本章先介紹一些常用擴充外掛程式的使用方法，在後續章節講解 Webpack 的原理時，會講解其自身如何建立於外掛程式系統之上。

在 Webpack 中使用外掛程式非常簡單，只需要在設定項目裡增加一個 plugins 設定項目即可。plugins 是一個陣列，每一個陣列元素是一個外掛程式。

我們如何尋找外掛程式呢？通常可以選擇開放原始碼提供的外掛程式，例如 clean-webpack-plugin 和 copy-webpack-plugin 等是開放原始碼裡廣泛使用的外掛程式。

除開放原始碼提供的外掛程式外，Webpack 自己也提供了一部分外掛程式供我們使用。

下面是一個簡單的 Webpack 外掛程式的使用範例，先引入 clean-webpack-plugin 外掛程式，然後在 plugins 設定項目裡放入該外掛程式的實例就可以使用了。

webpack.config.js 檔案的內容如下。

```
const path = require('path');
const { CleanWebpackPlugin } = require('clean-webpack-plugin');
module.exports = {
  entry: './a.js',
  output: {
    path: path.resolve(__dirname, 'dist'),
    filename: 'bundle1.js'
  },
  plugins:[
    new CleanWebpackPlugin()
  ],
  mode: 'none'
};
```

通常 plugins 陣列的每一個元素都是外掛程式構造函數建立出來的實例，根據每一個外掛程式的特點，可能會需要向其參數裡傳遞各種設定參數，這個時候就需要參閱該外掛程式的檔案來進行設定了。

現在廣泛使用的外掛程式都有預設的參數，可以免去設定工作，只有在需要特殊處理時，我們才手動設定參數。

本章重點介紹三個外掛程式，我們在實際開發中經常使用這三個外掛程式，後續章節也會介紹一些其他外掛程式。學會這三個外掛程式的使用方法，我們就掌握了 Webpack 中使用外掛程式的基本方法，之後在需要的時候再去尋找能滿足我們需求的外掛程式。

4.2 清除檔案外掛程式 clean-webpack-plugin

4.2.1 clean-webpack-plugin 簡介

clean-webpack-plugin 是一個清除檔案的外掛程式。在每次打包後，磁碟空間都會存有打包後的資源，在再次打包的時候，我們需要先把本地已有的打包後的資源清空，來減少它們對磁碟空間的佔用。外掛程式 clean-webpack-plugin 可以幫我們做這件事，本節書附程式範例是 webpack4-1。

4.2.2 安裝 clean-webpack-plugin

我們透過以下命令來安裝 clean-webpack-plugin。

```
npm install --save-dev webpack@5.21.2  webpack-cli@4.5.0

npm install --save-dev clean-webpack-plugin@3.0.0
```

4.2.3 使用 clean-webpack-plugin

安裝完成後，我們就可以修改 Webpack 的設定檔來使用該外掛程式了。

webpack.config.js 檔案的內容如下。

```
var path = require('path');
var { CleanWebpackPlugin } = require('clean-webpack-plugin');

module.exports = {
  entry: './a.js',
  output: {
    path: path.resolve(__dirname, 'dist'),
    filename: 'bundle.js',
    // filename: 'bundle2.js',
  },
  plugins:[
    new CleanWebpackPlugin()
  ],
  mode: 'none'
};
```

在使用該外掛程式的時候，我們首先透過 require('clean-webpack-plugin') 引入該外掛程式，接著在 plugins 設定項目裡設定該外掛程式。設定該外掛程式的時候透過 new CleanWebpackPlugin() 就完成了設定，我們不傳入任何參數，該外掛程式會預設使用 output.path 目錄作為需要清空的目錄，這樣就會把該目錄下的所有資料夾和檔案都清除。

我們執行 npx webpack 命令完成打包，dist 目錄裡有 bundle.js 和 1.bundle.js 兩個檔案。

接著我們把 Webpack 的輸出檔案名稱 output.filename 改成 bundle2.
js，再次執行 npx webpack 命令，會將 output.path 路徑目錄裡的檔案
清空後再進行打包。

打包完成後觀察 dist 目錄，我們發現 dist 目錄裡的 bundle.js 和
1.bundle.js 這兩個檔案不見了，新增 bundle2.js 和 1.bundle2.js 兩個檔
案。這就是 clean-webpack- plugin 的作用，它把 dist 目錄之前的內容
清空，然後打包重新生成了新檔案。

clean-webpack-plugin 也支援傳入參數進行單獨設定，具體可以參閱其
檔案（見連結 4），實際使用中我們很少單獨設定。

4.3 複製檔案外掛程式 copy-webpack-plugin

4.3.1 copy-webpack-plugin 簡介

copy-webpack-plugin 是用來複製檔案的外掛程式。有一些本地資源，
如圖片和影音，在打包過程中沒有任何模組使用它們，但我們想要把它
們存放到打包後的資源輸出目錄下。前置處理器不適合做這種事情，這
個時候就需要使用外掛程式，copy-webpack-plugin 就可以幫助我們完
成檔案複製，本節書附程式範例是 webpack4-2。

4.3.2 安裝 copy-webpack-plugin

我們透過以下命令來安裝 copy-webpack-plugin。

```
npm install --save-dev webpack@5.21.2  webpack-cli@4.5.0

npm install --save-dev copy-webpack-plugin@7.0.0
```

4.3.3 使用 copy-webpack-plugin

安裝完成後，我們就可以修改 Webpack 的設定檔來使用該外掛程式了。

webpack.config.js 檔案的內容如下。

```
var path = require('path');
var CopyPlugin = require("copy-webpack-plugin");

module.exports = {
  entry: './a.js',
  output: {
    path: path.resolve(__dirname, 'dist'),
    filename: 'bundle.js'
  },
  plugins:[
   new CopyPlugin({
     patterns: [
       { from: path.resolve(__dirname, 'src/img/'), to: path.resolve(__
dirname, 'dist/image/') },
     ],
   }),
  ],
  mode: 'none'
};
```

在 Webpack 設定檔裡，我們先透過 require("copy-webpack-plugin") 引
入了 copy-webpack-plugin，接下來在 plugins 設定項目裡設定了該外
掛程式。

我們在目錄 src/img/ 下存放了一張圖片,執行 npx webpack 命令後觀察,我們發現該圖片被複製到 ...dist/image/ 目錄下了。

在使用 copy-webpack-plugin 的時候需要傳入參數,該參數是一個物件。使用該外掛程式進行檔案複製時,最重要的是要告訴該外掛程式,需要從哪個資料夾複製內容,以及要複製到哪個資料夾去。

參數物件的 patterns 屬性就是設定從哪個資料夾複製以及複製到哪個資料夾去的。該屬性是一個陣列,陣列每一項是一個物件,物件的 from 屬性用於設定從哪個資料夾複製內容,to 屬性用於設定複製到哪個資料夾去。觀察上面的 Webpack 設定檔程式,很容易了解。

如果要從多個資料夾複製內容,就需要在 patterns 陣列裡設定多個物件。

該外掛程式還支援其他參數來做自訂複製,具體可以參閱其檔案(見連結 5)。

4.4 HTML 範本外掛程式 html-webpack-plugin

4.4.1 html-webpack-plugin 簡介

html-webpack-plugin 是一個自動建立 HTML 檔案的外掛程式。在我們開發專案的時候,打包後的資源名稱通常是由程式自動計算出的 hash 值組成的,因此我們無法使用 HTML 檔案來引入固定的 JS 和 CSS 等檔案。我們需要一個靈活的 HTML 檔案,如果打包後生成的資源名稱是 eac32g.js,那麼該 HTML 檔案會自動在 script 標籤裡引入該名稱的

JS 檔案。html-webpack-plugin 可以幫我們做這件事，它可以自動把我們打包生成的 JS 和 CSS 等資源引入 HTML 中，本節書附程式範例是 webpack4-3。

4.4.2　安裝 html-webpack-plugin

我們透過以下命令來安裝 html-webpack-plugin。

```
npm install --save-dev webpack@5.21.2  webpack-cli@4.5.0

npm install --save-dev html-webpack-plugin@5.1.0
```

4.4.3　使用 html-webpack-plugin

安裝完成後，我們就可以修改 Webpack 的設定檔來使用該外掛程式了。

webpack.config.js 檔案的內容如下。

```
var path = require('path');
var HtmlWebpackPlugin = require('html-webpack-plugin')

module.exports = {
  entry: './a.js',
  output: {
    path: path.resolve(__dirname, 'dist'),
    filename: 'bundle.js'
  },
  plugins:[
    new HtmlWebpackPlugin()
  ],
  mode: 'none'
};
```

在 Webpack 設定檔裡，我們先透過 require("html-webpack-plugin") 引
入了 html-webpack-plugin，接下來在 plugins 設定項目裡設定了該外掛
程式。

在這個範例專案裡，我們的專案目錄裡最開始是沒有 HTML 檔案的。

在執行 npx webpack 命令後，我們發現 dist 目錄下生成了一個 index.
html 檔案，打開該檔案查看程式如下。

```html
<!DOCTYPE html>
<html>
  <head>
    <meta charset="utf-8">
    <title>Webpack App</title>
  <meta name="viewport" content="width=device-width, initial-
scale=1"><script defer src="bundle.js"></script></head>
  <body>
  </body>
</html>
```

我們發現該 HTML 檔案自動引入了打包生成的 JS 檔案 bundle.js。

html-webpack-plugin 不僅支持自動引入生成的單一 JS 檔案，還支持多
入口 JS 檔案的自動引入，以及對自動生成的 CSS 檔案的自動引入。

在實際開發時，這種自動生成的 index.html 不一定能滿足我們的需求，
這個時候可以透過一些參數和自訂範本來滿足我們的需求。

4.4.4 html-webpack-plugin 的自訂參數

常見的自訂參數有 title、filename、template、minify 和 showErrors
等。

❶ title：用於設定生成的 HTML 檔案的標題。

❷ filename：用於設定生成的 HTML 檔案的名稱，預設是 index.html。

❸ template：用於設定範本，以此範本來生成最終的 HTML 檔案。

❹ minify：一個布林值，用於設定是否壓縮生成的 HTML 檔案。

❺ showErrors：用於設定是否在 HTML 檔案中展示詳細錯誤訊息。

▌ 1. 自訂 title 和 filename

讓我們來看一個例子，該範例的 Webpack 設定檔如下，書附程式範例是 webpack4-4。

webpack.config.js 檔案的內容如下。

```
var path = require('path');
var HtmlWebpackPlugin = require('html-webpack-plugin')

module.exports = {
  entry: './a.js',
  output: {
    path: path.resolve(__dirname, 'dist'),
    filename: 'bundle.js'
  },
  plugins:[
    new HtmlWebpackPlugin({
      title: 'Webpack 與 Babel 入門教學 ',
      filename: 'home.html'
    })
  ],
  mode: 'none'
};
```

執行 npx webpack 命令後，我們發現 dist 目錄下新生成了 home.html 檔案，在編輯器中打開它並查看程式。

home.html 檔案的內容如下。

```
<!DOCTYPE html>
<html>
  <head>
    <meta charset="utf-8">
    <title>Webpack 與 Babel 入門教學 </title>
  <meta name="viewport" content="width=device-width, initial-
scale=1"><script defer src="bundle.js"></script></head>
  <body>
  </body>
</html>
```

我們透過對 html-webpack-plugin 設定參數，成功修改了生成的 HTML
檔案名稱和標題。

▍2. 自訂範本

html-webpack-plugin 還支援使用自訂範本來生成最終的 HTML 檔案。

目前，前端技術提供很多工具和函數庫都有範本引擎的功能，如 Pug、
EJS、Underscore、Handlebars 和 html-loader 等。

在設定範本 template 參數的時候，我們可以使用這些範本引擎對應的
Webpack 前置處理器。

html-webpack-plugin 預設使用的範本引擎是 EJS，它使用了 EJS 語法的
子集。預設情況下，如果 src/index.ejs 檔案存在，它會使用該檔案作為範
本。

讓我們來看一個例子，書附程式範例是 webpack4-5。

webpack.config.js 檔案的內容如下。

```
var path = require('path');
var HtmlWebpackPlugin = require('html-webpack-plugin')

module.exports = {
  entry: './a.js',
  output: {
    path: path.resolve(__dirname, 'dist'),
    filename: 'bundle.js'
  },
  plugins:[
    new HtmlWebpackPlugin({
      title: 'Webpack 與 Babel 入門教學 ',
    })
  ],
  mode: 'none'
};
```

我們在 scr 目錄下新建一個 index.ejs 檔案。

src/index.ejs 檔案的內容如下。

```
<!DOCTYPE html>
<html lang="en">
<head>
</head>
<body>
  <h2>使用預設位置的範本 </h2>
</body>
</html>
```

執行 npx webpack 命令後，我們發現 dist 目錄下生成了 index.html 檔
案，內容如下。

```
<!DOCTYPE html>
<html lang="en">
<head>
<meta name="viewport" content="width=device-width, initial-
scale=1"><script defer src="bundle.js"></script></head>
<body>
  <h2> 使用預設位置的範本 </h2>
</body>
</html>
```

打開它並觀察其程式，我們發現新生成的 index.html 檔案完全是根據範本
檔案生成的，在 Webpack 設定檔裡設定的外掛程式參數 title 已經不生效
了。

那麼如何讓 html-webpack-plugin 外掛程式參數生效呢？我們可以透過
給範本傳入參數來實現，書附程式範例是 webpack4-6。

webpack.config.js 檔案保持內容不變，我們修改範本檔案 index.ejs 的
內容如下。

```
<!DOCTYPE html>
<html lang="en">
<head>
  <title><%= htmlWebpackPlugin.options.title %></title>
</head>
<body>
  <h2> 使用預設位置的範本 </h2>
</body>
</html>
```

注意觀察修改程式的位置。執行 npx webpack 命令後，觀察新生成的
index.html 檔案內容如下。

```
<!DOCTYPE html>
<html lang="en">
<head>
  <title>Webpack 與 Babel 入門教學 </title>
<meta name="viewport" content="width=device-width, initial-
scale=1"><script defer src="bundle.js"></script></head>
<body>
  <h2> 使用預設位置的範本 </h2>
</body>
</html>
```

可以看到 title 已經被替換了。

這裡是透過 <%=htmlWebpackPlugin.options.title%> 語法來實現的，
htmlWebpackPlugin 是 Webpack 設定檔裡外掛程式注入的參數，在這
裡我們給範本傳入了外掛程式參數 title。

除 options.title 外，該外掛程式還支持傳入其他參數。除此之外，HTML
檔案壓縮和錯誤日誌列印等功能，都可參閱其官方檔案（見連結 6）進
行設定。

4.5 本章小結

在本章中，我們講解了 Webpack 外掛程式的知識。我們首先對外掛程
式進行了簡單介紹，外掛程式是 Webpack 的骨幹，Webpack 自身也
建立於外掛程式系統之上。接著講解了三個常用的 Webpack 外掛程
式 clean-webpack-plugin、copy-webpack-plugin 和 html-webpack-
plugin。透過對這三個外掛程式的學習，可以掌握 Webpack 外掛程式使
用的基本方法。

Chapter

05

Webpack 開發環境設定

本章主要講解 Wcbpack 開發環境的設定，講解的內容主要包括檔案
監聽與 webpack-dev-server、模組熱替換、Webpack 中的 source
map 及 Asset Modules。

webpack-dev-server 是本章的核心，它透過開啟一個本機伺服器來載入
建構完成的資源檔，它還有代理請求等功能。

模組熱替換是一個非常強大的功能，它可以在不刷新瀏覽器頁面的情況
下，直接替換修改程式部分的頁面位置，能有效提高我們的開發效率。

我們在瀏覽器中看到的程式是打包之後的程式，它和專案本地的程式並不一
致，在偵錯的時候可以透過生成 source map 檔案來觀察對應的原始程式。
另外，source map 在生產環境下也是可以使用的，本章也將進行講解。

Asset Modules 是 Webpack 5 中新增加的功能，它用來替換 Webpack 5
之前使用的 file-loader 等前置處理器。

5.1 檔案監聽與 webpack-dev-server

5.1.1 檔案監聽模式

Webpack 提供了開啟檔案監聽模式的能力，在我們修改保存專案程式時，會自動進行重新建構。

開啟檔案監聽模式最簡單的方法就是在啟動的時候加上 --watch 這個參數。

```
npx webpack --watch
```

我們透過一個具體的例子來學習檔案監聽模式的使用，書附程式範例是 webpack5-1。

webpack.config.js 檔案的內容如下。

```
const path = require('path');

module.exports = {
  entry: './a.js',
  output: {
    path: path.resolve(__dirname, ''),
    filename: 'bundle.js'
  },
  mode: 'none'
};
```

Webpack 以 a.js 檔案作為入口檔案開始打包，a.js 檔案定義了一個變數 name，然後在主控台列印該變數。

a.js 檔案的內容如下。

```
let name = 'Jack';
console.log(name);
```

現在我們在該專案目錄下執行 npx webpack --watch 命令，這個時候就開啟了 Webpack 的檔案監聽模式。仔細觀察命令列視窗，如圖 5-1 所示，會發現 Webpack 建構資訊與以往的不同。該命令列建構程式不會自動退出，而且這個時候不能再執行其他命令。

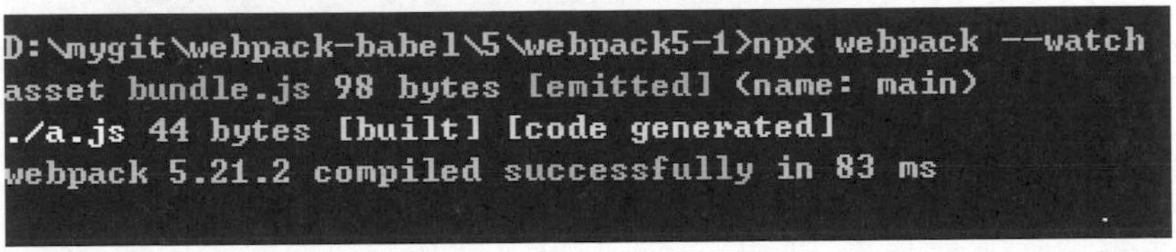

圖 5-1　命令列視窗

現在我們把 a.js 檔案裡的 name 變數值由 Jack 改成 Tom，保存後進行觀察。

這個時候 Webpack 自動進行了重新建構，命令列視窗提示了新的建構資訊，如圖 5-2 所示。

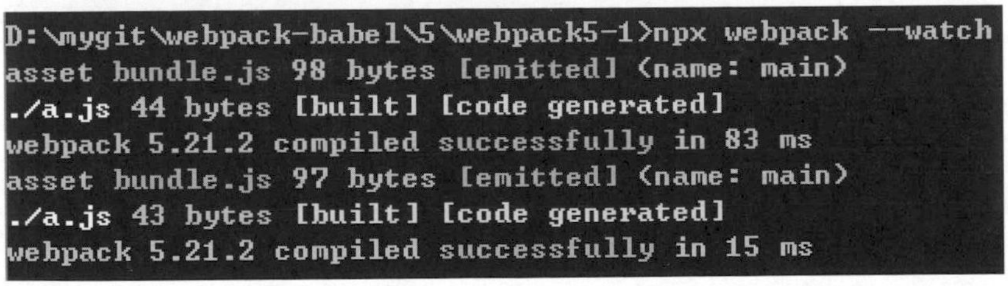

圖 5-2　命令列視窗提示新的建構資訊

我們觀察打包後的檔案 bundle.js 也變化了，name 變數值變成了 Tom，如圖 5-3 所示。

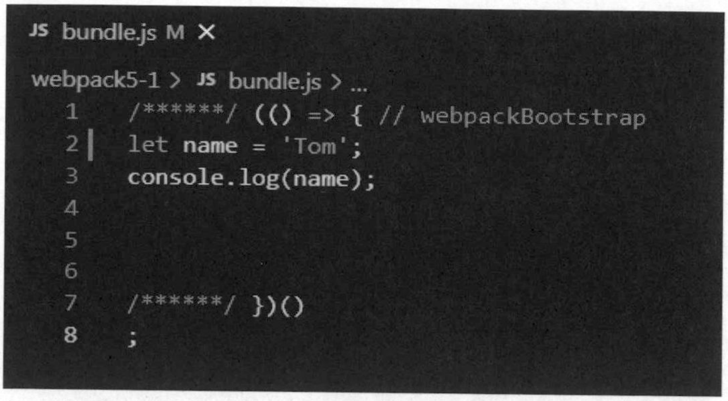

```
JS bundle.js M ✕

webpack5-1 > JS bundle.js > ...
   1    /******/ (() => { // webpackBootstrap
   2 |  let name = 'Tom';
   3    console.log(name);
   4
   5
   6
   7    /******/ })()
   8    ;
```

圖 5-3 打包後的變數變化

Webpack 開啟檔案監聽模式的方式，除在命令 webpack 後面加 --watch 參數以外，也可以在其設定檔裡進行開啟。我們很少會在設定檔裡設定，因為在平時工作中我們通常使用的是 webpack-dev-server。

5.1.2 webpack-dev-server 的安裝與啟動

webpack-dev-server 是 Webpack 官方提供的 Webpack 服務工具，一般也稱它為 DevServer。安裝並啟用 webpack-dev-server 後，它會在本地開啟一個網路伺服器，可以用來處理網路請求。

下面我們來學習它的使用，書附程式範例是 webpack5-2。

這個例子與上面的 webpack5-1 例子只有兩點不同，一是把專案根目錄下的 index.html 檔案重新命名為 my.html，並在其中增加了 h1 元素標籤；二是多安裝了一個 webpack-dev-server 套件。

webpack-dev-server 套件是一個 npm 套件，我們只需要在命令列執行下面的命令就可以完成安裝。

```
npm i -D webpack-dev-server@3.11.2
```

另外，我們也需要安裝 Webpack 及 webpack-cli。

```
npm install --save-dev webpack@5.21.2    webpack-cli@4.9.0
```

完成安裝後，就可以啟動 webpack-dev-server 了。我們在命令列的專案根目錄下執行 npx webpack serve 命令，就啟動了 webpack-dev-server。

在啟動 webpack-dev-server 時，它會自動幫我們執行 Webpack 並讀取本地的 Webpack 設定檔，同時它會啟用 Webpack 的檔案監聽模式。

我們觀察命令列終端資訊，提示訊息如下。

```
Project is running at http://localhost:8080/
webpack output is served from /
...
```

以上資訊告訴我們專案正執行在本地 localhost 的 8080 通訊埠下，Webpack 的輸出目錄被伺服器載入。

我們在 Chrome 瀏覽器中打開 http://localhost:8080/，顯示如圖 5-4 所示。

webpack-dev-server 伺服器預設使用專案根目錄下的 index.html 檔案作為首頁，現在專案根目錄下沒有 index.html 檔案，所以伺服器載入的網頁資訊是專案目錄。

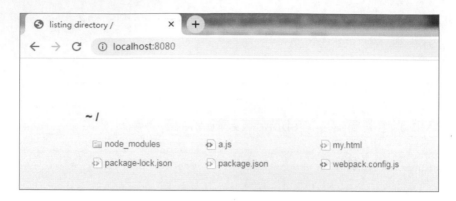

圖 5-4 沒有 index.html 檔案時瀏覽器的顯示

我們把 my.html 檔案重新命名為 index.html，再手動刷新瀏覽器，就可以看到網頁正常顯示 index.html 的內容了，如圖 5-5 所示。

圖 5-5 有 index.html 檔案時瀏覽器的顯示

同時也可以看到 a.js 檔案裡的 name 變數值為 Tom，列印在開發者工具主控台中。

為了觀察檔案監聽模式及瀏覽器的自動刷新是否有效，我們把 a.js 檔案裡的 Tom 修改為 Jack 保存。這時你會發現 http://localhost:8080/ 的頁面立即進行了自動刷新，並且主控台也列印出了 Jack。

5.1.3 webpack-dev-server 的常用參數

webpack-dev-server 除上述的預設行為外，它還支持自訂參數項，它的
參數項在 Webpack 設定檔的 devServer 裡進行設定。

下面是一個常見的設定，書附程式範例是 webpack5-3。

```
devServer: {
  historyApiFallback: true,
  publicPath: '/',
  open: true,
  compress: true,
  hot: false,
  port: 8089,
}
```

webpack-dev-server 重點設定參數有 open、hot、historyApiFallback、
port、compress 和 publicPath 等。

需要注意一點，每次修改 devServer 設定後，都需要重新開機服務。

1. open

該參數用來設定 webpack-dev-server 開啟本地 Web 服務後是否自動打
開瀏覽器。預設值是 false，將其設定為 true 後會自動打開瀏覽器。

2. hot

該參數用來設定 Webpack 的 Hot Module Replacement 功能，即模組
熱替換功能，我們會在 5.2 節進行講解。

3. historyApiFallback

在進行單頁應用程式開發的時候，某些情況下需要使用 HTML5 History 模式。

在 HTML5 History 模式下，所有的 404 回應都會返回 index.html 的內容，前端 JS 程式會從 url 解析狀態並展示對應的頁面。

在進行本地開發的時候，若要開啟的本地 DevServer 伺服器支援 HTML5 History 模式，只需要把 historyApiFallback 參數設定為 true 即可。

4. port

透過設定 port 參數，可以指定 Web 服務執行的通訊埠編號，下面的設定指定了服務通訊埠編號是 8089。

```
devServer: {
  port: 8089,
}
```

5. compress

透過設定 compress 參數，可以設定是否為靜態資源開啟 Gzip 壓縮。

6. publicPath

該參數用來設定 Web 服務請求資源的路徑。預設條件下，webpack-dev-server 打包的資源存放在記憶體裡，它映射了磁碟路徑，如果將 publicPath 參數設定為 /dist/，則表示將靜態資源映射到磁碟的 /dist/ 目錄下。

假設 Web 服務在 http://localhost:8089 下執行，打包生成的檔案名稱是 bundle- ae62cd.js。devServer.publicPath 參數的值取預設值 '/'，此時存取 http://localhost:8089/ bundle -ae62cd.js 就可以請求到該資源。

若將 devServer.publicPath 參 數 設 定 為 /dist/，則 需 要 存 取 http://localhost: 8089/dist/ bundle-ae62cd.js 才能夠請求到該資源。在 index.html 檔案內容手動輸入且保持不變的情況下，需要將 JS 指令稿的存取路徑 src 修改成 dist/bundle.js。

本 節 主 要 講 解 了 Webpack 的 檔 案 監 聽 模 式 和 webpack-dev-server。webpack- dev-server 會自動開啟檔案監聽模式，並且支援瀏覽器自動刷新等進階功能。webpack-dev-server 還有模組熱替換和支援 source map 等進階功能，我們會在後續章節中講解。

5.2 模組熱替換

在 5.1 節中，我們介紹了使用 webpack-dev-server 實現自動刷新整個頁面的功能，從而做到即時預覽程式修改後的效果。

Webpack 還有一種更高效的方式來做到即時預覽，那就是模組熱替換。這種技術不需要重新刷新整個頁面，而只是透過重新載入修改過的模組來實現即時預覽。該技術也稱作模組熱更新，其英文名稱是 Hot Module Replacement，簡稱 HMR。

要開啟 Webpack 的模組熱替換功能，只需要將 webpack-dev-server 的參數 hot 設定為 true 即可。

使用模組熱替換功能時，需要使用 webpack.HotModuleReplacement Plugin 外掛程式的能力。在 Webpack 5 中，將 hot 參數設定為 true 時，會自動增加該外掛程式，不需要我們進行額外的設定。

在我們的前端專案裡，開啟了模組熱替換功能後，它並不會自動執行，它需要使用者觸發。在模組檔案裡，需要使用 module.hot 介面來觸發該功能。

下面這個例子首先判斷 module.hot 這個屬性是否存在，若存在則使用 module.hot.accept() 方法來觸發該模組的熱替換，書附程式範例是 webpack5-4。

webpack.config.js 檔案的內容如下。

```js
const path = require('path');

module.exports = {
  entry: './a.js',
  output: {
    path: path.resolve(__dirname, ''),
    filename: 'bundle.js'
  },
  devServer: {
    historyApiFallback: true,
    publicPath: '/',
    open: true,
    compress: true,
    hot: true,
    port: 8089,
  },
  mode: 'none'
};
```

a.js 檔案的內容如下。

```
import { name } from './b.js';
console.log(name);
console.log(123);
```

b.js 檔案的內容如下。

```
export var name = 'Rose30';
var age = 18;
// age = 20;
console.log(age);
console.log(222);

if (module.hot) {
  module.hot.accept();
}
```

專案打包的入口模組是 a.js，在 a.js 模組裡引入了 b.js 模組對外輸出的變數 name。

安裝對應的 npm 套件，執行 npx webpack serve 命令啟動專案後，觀察瀏覽器主控台的輸出，如圖 5-6 所示。

```
npm install -D webpack@5.21.2    webpack-cli@4.9.0
npm install -D webpack-dev-server@3.11.2
```

接下來分別修改 a.js 模組和 b.js 模組來觀察模組熱替換的規律。

首先修改 a.js 模組的程式，把 console.log(123) 改成 console.log(456)，然後儲存程式進行觀察。

圖 5-6 瀏覽器主控台的輸出

修改 a.js 模組後的內容如下。

```
import { name } from './b.js';
console.log(name);
console.log(456);
```

這時 Webpack 進行了重新編譯，瀏覽器進行了自動刷新，主控台輸出
如圖 5-7 所示。

圖 5-7 修改 a.js 模組後的主控台輸出

可以看到之前在主控台輸出的如圖 5-6 所示的資訊被刷新掉了,也就是說我們並沒有觸發模組熱替換功能而是使瀏覽器自動刷新了。沒有觸發模組熱替換功能的原因是 a.js 模組的程式裡沒有呼叫與 module.hot 相關的模組熱替換介面。

接下來我們不修改 a.js 模組而是修改 b.js 模組來進行觀察。我們把被註釋起來的 age = 20 這行程式的註釋符號 // 去掉,然後儲存。

修改 b.js 模組後的內容如下。

```
export var name = 'Rose30';
var age = 18;
age = 20;
console.log(age);
console.log(222);


if (module.hot) {
  module.hot.accept();
}
```

觀察主控台輸出如圖 5-8 所示,可以發現瀏覽器沒有進行自動刷新,主控台資訊在圖 5-7 的基礎上又增加了一些輸出,現在觸發了模組熱替換功能。

主控台新輸出的資訊是修改 b.js 模組後輸出的,因為我們剛剛只修改了 b.js 這個模組,同時 b.js 模組呼叫了模組熱替換的介面方法 module.hot.accept(),所以修改 b.js 模組後瀏覽器只替換掉了 b.js 模組,因此主控台新增的輸出資訊是 b.js 模組的資訊,而非 a.js 模組的資訊。需要注意的是,圖片裡主控台上方輸出的資訊雖然是 a.js 模組輸出的,但這些資訊是上一次編譯就已經輸出的。

圖 5-8 修改 b.js 模組後的主控台輸出

如果我們手動刷新瀏覽器,則主控台輸出會變成的如圖 5-9 所示的樣子,手動刷新是把所有模組的輸出資訊重新列印在主控台上。

圖 5-9 手動刷新瀏覽器後的主控台輸出

另外，module.hot.accept() 方法還可以接收參數傳入和回呼，更多的使用方式可以參考其檔案（見連結 12）。

從上面的例子裡可以看出，我們需要手動在模組裡增加 module.hot 相關的介面來觸發模組熱替換功能。在開發過程中，還需要判斷什麼地方需要進行模組熱替換等，這麼做無疑會增加開發者的工作量。

為了減輕開發者的負擔，常用的前置處理器提供了支援模組熱替換的功能，例如 style-loader、vue-loader 和 react-hot-loader 等。在使用這些工具的時候，它們會自動注入 module.hot 相關程式，完成模組熱替換的工作，無須開發者手動呼叫，極大地減少了開發者的工作量。

5.3 Webpack 中的 source map

5.3.1 source map 簡介

前面章節裡講解過 Webpack 編譯打包後的程式，如果沒有將 Webpack 設定檔的 mode 設定為 none，那麼編譯後的程式會對我們的原始程式做壓縮、整合等操作。而且如果使用 webpack-dev-server 開啟的服務，打包後的程式中也會包含非常多與程式無關的 Webpack 程式。編譯打包後的程式與原始程式差別非常大，我們很難偵錯，開發效率較低。

舉一個例子，書附程式範例是 webpack5-5。在這個例子裡只需要打包一個 JS 檔案，其程式較為簡單，定義了兩個變數 name 和 age，並分別在主控台列印了這兩個變數。在列印 name 變數前，在程式裡打了一個中斷點 debugger。

a.js 檔案的內容如下。

```
let name = 'Jack';
debugger;
console.log(name);
let age = 18;
console.log(age);
```

Webpack 設定檔的內容如下。

```
const path = require('path');

module.exports = {
  entry: './a.js',
  output: {
    path: path.resolve(__dirname, ''),
    filename: 'bundle.js'
  },
  devServer: {
    historyApiFallback: true,
    publicPath: '/dist/',
    open: true,
    compress: true,
    hot: false,
    port: 8089,
  },
  mode: 'none'
};
```

我們透過 npm install 命令安裝好對應的 npm 套件後，執行 npx webpack serve 命令，在 Chrome 瀏覽器中打開 http://localhost:8089/。

```
npm install -D webpack@5.21.2    webpack-cli@4.9.0
npm install -D webpack-dev-server@3.11.2
```

打開 Chrome 偵錯工具觀察瀏覽器頁面，我們發現程式在 bundle.js 檔案的第 9606 行處被中斷點暫停（如果沒有被中斷點暫停，須手動刷新頁面），如圖 5-10 所示。

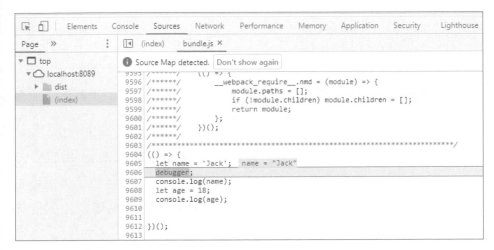

圖 5-10 程式在第 9606 行處被中斷點暫停

現在在瀏覽器裡執行的 JS 程式已經不是原始的 a.js 檔案程式了，而是變成了編譯後的 bundle.js 檔案程式，而且編譯後的檔案程式有九千多行，並不利於我們開發偵錯。

因為我們現在只有一個簡單的 a.js 檔案，所以還能從打包後的 bundle.js 檔案中找到與 a.js 檔案的程式關係來做偵錯工作，但如果專案複雜的 JS 檔案較多，想要從打包後的檔案中找到對應關係來修改原始程式，那會是一件成本非常高的事情。

想要在瀏覽器裡直接看到打包前的程式，就需要使用 source map。source map 是一個單獨的檔案，瀏覽器可以透過它還原出編譯前的原始程式。

開啟 source map 功能很簡單，只需要在 Webpack 的設定檔加一行設定就可以了，書附程式範例是 webpack5-6。

```
// webpack.config.js
// ...
devtool: 'source-map',
// ...
```

我們在 webpack.config.js 檔案裡增加了一個 devtool 設定，其設定值是字串 source-map。

現在我們退出之前的命令列程式，重新執行 npx webpack serve 命令，然後刷新瀏覽器，觀察頁面。我們發現程式在中斷點處暫停了，但這次與上次不同，這次是在原始的 a.js 檔案程式裡的中斷點處暫停的（如果被打斷點的檔案不是 a.js 檔案，則需要手動刷新頁面），如圖 5-11 所示。

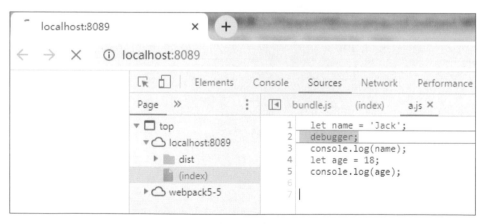

圖 5-11　在中斷點處暫停

現在有了對應編譯前的原始程式進行對照，我們就可以很輕鬆地在瀏覽器裡進行偵錯工作了，這就是 source map 的作用。

source map 最初會生成一個單獨的副檔名是 .map 的檔案，上面的例子裡也生成了單獨的 .map 檔案，但因為開發模式是透過 webpack-dev-server 開啟的服務，生成的檔案存在記憶體裡，所以在磁碟裡看不到這個檔案。如果我們把打包命令改成 npx webpack，這時就會看到磁碟專案目錄新生成了 bundle.js.map 檔案，這就是 source map 檔案，如圖 5-12 所示。

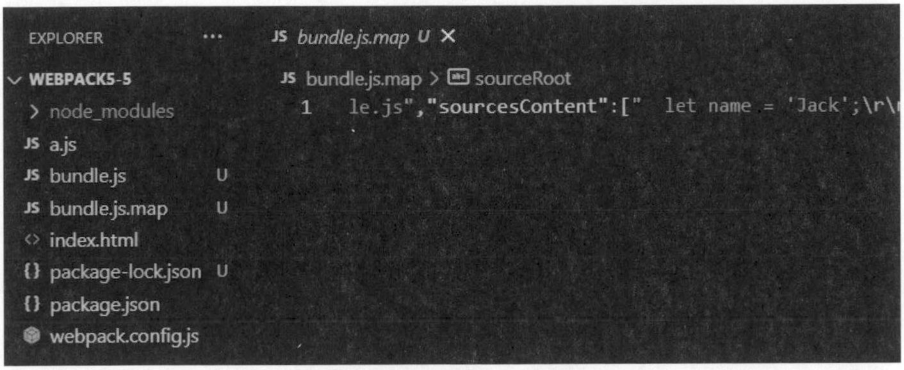

圖 5-12　source map 檔案

5.3.2　source map 的設定項目 devtool

Webpack 設定檔的 devtool 設定是用來設定生成哪種形式的 source map 的？除了使用 source-map，還有很多其他選擇。

devtool 的設定值為 source-map 時會生成單獨的 source map 檔案，而取一些其他值時會把 source map 直接寫到編譯打包後的檔案裡，不過瀏覽器依然可以透過它還原出編譯前的原始程式。

我們可以看一下 Webpack 官網列出的 devtool 設定值，我們部分截圖，如圖 5-13 所示。

● 5.3 Webpack 中的 source map

devtool	performance	production	quality	comment
(none)	build: fastest rebuild: fastest	yes	bundle	Recommended choice for production builds with maximum performance.
eval	build: fast rebuild: fastest	no	generated	Recommended choice for development builds with maximum performance.
eval-cheap-source-map	build: ok rebuild: fast	no	transformed	Tradeoff choice for development builds.
eval-cheap-module-source-map	build: slow rebuild: fast	no	original lines	Tradeoff choice for development builds.
eval-source-map	build: slowest rebuild: ok	no	original	Recommended choice for development builds with high quality SourceMaps.
cheap-source-map	build: ok rebuild: slow	no	transformed	
cheap-module-source-map	build: slow rebuild: slow	no	original lines	
source-map	build: slowest rebuild: slowest	yes	original	Recommended choice for production builds with high quality SourceMaps.

圖 5-13 Webpack 官網列出的 devtool 設定值（部分）

官方檔案裡的 devtool 設定值有二十多種，我們對其做一下說明。

打包速度的快慢分為五檔來表示，從慢到快依序用 slowest、slow、ok、fast 和 fastest 來表示。build 表示的是初次打包的速度，rebuild 表示的是修改程式後儲存並再次打包的速度。

production 列表示是否可用於生產環境，yes 表示可以用於生產環境，no 表示不可以用於生產環境（一般可用於開發環境）。

quality 列表示 source map 映射的原始程式品質，表格裡的表示不容易了解，我們可以透過接下來的內容來了解。

這麼多設定值，我們在寫 Webpack 設定檔的時候，該取哪個呢？

如果仔細觀察官網列出的 devtool 的所有設定值，會發現基本都是 cheap、module、inline、eval、nosources 和 hidden 這六個詞的組合，最後再加上 source-map（除了單獨的 eval 和 source-map 這兩個設定值）。

了解這六個詞的含義，就會知道該取哪個值作為 devtool 設定的值了。

❶ cheap：一種速度較快的選擇，這樣生成的 source map 中沒有列資訊而只有行資訊，編譯計算量少，不過在這種情況下，前置處理器輸出的 source map 資訊不會被採用。

❷ module：前置處理器輸出的 source map 資訊會被採用，這樣可以看到前置處理器處理前的原始程式。

❸ inline：將生成的 source map 內聯到 bundle 中，該 source map 預設是 Base64 編碼的 data URL。

❹ eval：使用 eval 包裹模組程式，可以提高 rebuild 的速度。

❺ hidden：bundle 裡不包含 source map 的引用位址，這樣在瀏覽器開發者工具裡看不到原始程式。

❻ nosources：bundle 不包含原始程式。

5.3.3 開發環境與生產環境 source map 設定

▌ 1. 開發環境

在開發環境中，我們可以對 devtool 設定值 eval-cheap-module-source-map，該設定能保留前置處理器處理前的原始程式資訊，並且打包速度也不慢，是一個較佳的選擇。

▌ 2. 生產環境

在生產環境中，我們通常不需要 source map，因為使用 source map 會有洩露原始程式的風險，除非使用者想要定位線上的錯誤。

生產環境中的程式，我們都會使用外掛程式壓縮，因此也需要考慮壓縮外掛程式支援 source map 的能力。在 Webpack 5 中，我們通常使用 terser-webpack-plugin 來壓縮 JS 資源，使用 css-minimizer-webpack-plugin 來壓縮 CSS 資源。這兩個壓縮外掛程式支援的 source map 類型僅有 source-map、inline-source-map、nosources-source-map 和 hidden-source-map 這四個，因此我們需要從這四個類型中選擇一個。

source-map 比較利於定位線上問題和偵錯程式，但其他人都可以透過瀏覽器開發者工具看到原始程式，有嚴重的安全風險，因此不推薦生產環境中用這個類型。基於同樣的安全風險考慮，我們也不推薦使用 inline-source-map。

nosources-source-map 的安全性稍微高一些，但我們仍可以透過瀏覽器開發者工具看到原始程式的目錄結構。對於錯誤訊息，我們可以在開發者工具的主控台中看到原始程式的堆疊資訊，在點擊錯誤訊息後，其檔案路徑會透過 webpack:// 協定進行展示，只是看不到檔案具體的程式內容。如果公司沒有錯誤收集與監控一類的系統，可以採用該方式。

hidden-source-map 是非常安全的選擇，這種類型會打包輸出完整的 source map 檔案，但打包輸出的 bundle 中不會有 source map 的引用註釋，因此在瀏覽器開發者工具裡是看不到原始程式的。要想分析原始程式，我們通常會用一些錯誤監控系統，將 source map 檔案上傳到該系統中，然後透過 JS 出錯後上報的錯誤訊息，用該系統分析出原始程式的錯誤堆疊。需要注意的是，不要將 source map 檔案部署到 Web 伺服器上，而應上傳到錯誤監控系統中。

在生產環境下，除了上述選擇，還可以使用伺服器白名單策略。我們仍然打包出完整的 source map 檔案上傳，但只有有許可權的使用者才可以看到 source map 檔案。

本節主要講解了 Webpack 裡的 source map 是什麼以及如何透過 devtool 設定其生成方式。在開發環境下，我們選擇 eval-cheap-module-source-map，在生產環境下，我們一般不生成 source map，如果一定需要的話，可以選擇 hidden-source-map 或白名單策略。

5.4 Asset Modules

5.4.1 Asset Modules 簡介

Asset Modules 通常被翻譯為資源模組，它指的是圖片和字型等這一類型檔案模組，它們無須使用額外的前置處理器，Webpack 透過一些設定就可以完成對它們的解析。該功能是 Webpack 5 新加入的，與 file-loader 等前置處理器的功能很像。

簡單回顧一下 file-loader 的作用，它解析檔案匯入位址並將其替換成造訪網址，同時把檔案輸出到對應位置。匯入位址包括了 JS 和 CSS 等匯入敘述的位址，例如 JS 的 import 和 CSS 的 url()。

Asset Modules 的幾個主要設定都存放在 module.rules 裡，關鍵的設定叫 type，它的值有以下四種。

❶ asset/resource：與之前使用的 file-loader 很像，它處理檔案匯入位址並將其替換成造訪網址，同時把檔案輸出到對應位置。

❷ asset/inline：與之前使用的 url-loader 很像，它處理檔案匯入位址並將其替換為 data URL，預設是 Base64 格式編碼的 URL。

❸ asset/source：與 raw-loader 很像，以字串形式匯出檔案資源。

❹ asset：在匯出單獨的檔案和 data URL 間自動選擇，可以透過修改設定影響自動選擇的標準。

接下來，我們透過一個例子來學習 Asset Modules 的使用方法，首先使用 asset/resource 的設定，書附程式範例是 webpack5-7。

webpack.config.js 檔案的內容如下。

```javascript
const path = require('path');

module.exports = {
  entry: './a.js',
  output: {
    path: path.resolve(__dirname, ''),
    filename: 'bundle.js'
  },
  module: {
    rules: [{
      test: /\.jpg$/,
      type: 'asset/resource'
    }]
  },
  mode: 'none'
};
```

我們在設定檔裡設定副檔名是 jpg 的資源使用 asset/resource 進行處理，打包入口檔案是 a.js。

a.js 檔案的內容如下。

```javascript
import img from './sky.jpg';
console.log(img);

var dom = `<img src='${img}' />`;
window.onload = function () {
  document.getElementById('main').innerHTML = dom;
}
```

該入口檔案的邏輯簡單講就是引入 sky.jpg 圖片後，將該圖片插入 id 是 main 的 DOM 裡。

現在安裝 npm 套件，然後執行 npx webpack 命令，觀察打包後的檔案
目錄，如圖 5-14 所示。

```
npm install --save-dev webpack@5.21.2    webpack-cli@4.5.0
```

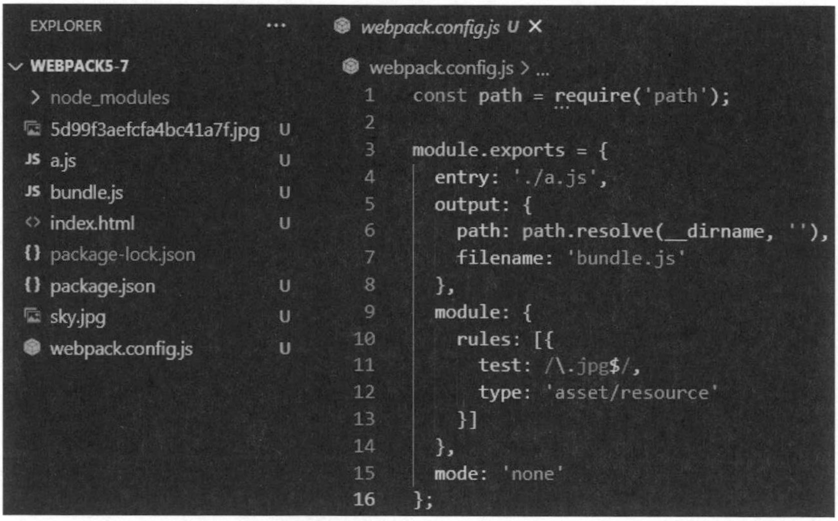

圖 5-14 打包後的檔案目錄

可以看到目錄裡生成了 **5d99f3aefcfa4bc41a7f.jpg** 檔案，該檔案就是
sky.jpg 被 asset/resource 處理後生成的。在瀏覽器裡打開 index.html
檔案後，該圖片可以正常展示。

index.html 檔案的內容如下。

```html
<!DOCTYPE html>
<html lang="en">
<head>
  <script src="bundle.js"></script>
</head>
<body >
  <div id="main"></div>
```

```
</body>
</html>
```

5.4.2 自訂檔案名稱

資源模組處理檔案後生成的名稱預設是 [hash][ext][query] 的結構,有
兩種方式可以設定生成檔案的名稱,一種是透過 generator.filename 設
定,另一種是在 output 裡設定。

1. 透過 generator.filename 設定

我們先看第一種,修改上面例子的 Webpack 設定檔,書附程式範例是
webpack5-8。

修改 webpack.config.js 檔案後的內容如下。

```
const path = require('path');

module.exports = {
  entry: './a.js',
  output: {
    path: path.resolve(__dirname, ''),
    filename: 'bundle.js'
  },
  module: {
    rules: [{
      test: /\.jpg$/,
      type: 'asset/resource',
      generator: {
        filename: 'static/[hash:8][ext][query]'
      }
    }]
  },
  mode: 'none'
};
```

與剛剛例子的不同點只有一處,即在 module.rules 裡增加了 generator.
filename 設定項目,其值是 static/[hash:8][ext][query],表示處理生成
的圖片在 static 目錄下,其名稱是 8 位 hash 值與副檔名的組合。

執行 npx webpack 命令進行打包,打包後的檔案目錄如圖 5-15 所示。

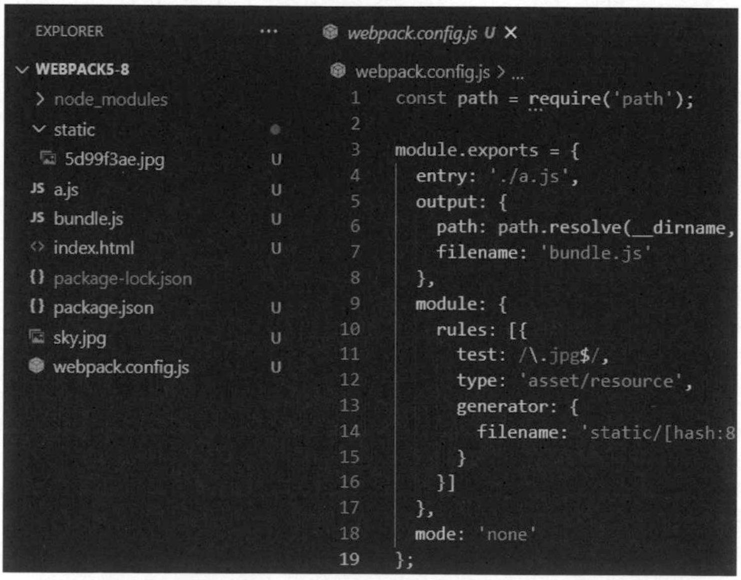

圖 5-15 打包後的檔案目錄

▌ 2. 在 output 裡設定

接下來是第二種設定資源模組檔案名稱的方式,修改書附程式範例
webpack5-7 的 Webpack 設定檔,書附程式範例是 webpack5-9。

修改 webpack.config.js 檔案後的內容如下。

```
const path = require('path');

module.exports = {
  entry: './a.js',
```

```
output: {
  path: path.resolve(__dirname, ''),
  filename: 'bundle.js',
  assetModuleFilename: 'static/[hash:6][ext][query]'
},
module: {
  rules: [{
    test: /\.jpg$/,
    type: 'asset/resource'
  }]
},
mode: 'none'
};
```

該設定檔與書附程式範例 webpack5-7 不同的地方是，在 output 裡增加
了 assetModuleFilename 設定，該設定用來表示資源模組處理檔案後
的名稱。

執行 npx webpack 命令後，打包後的檔案目錄如圖 5-16 所示。

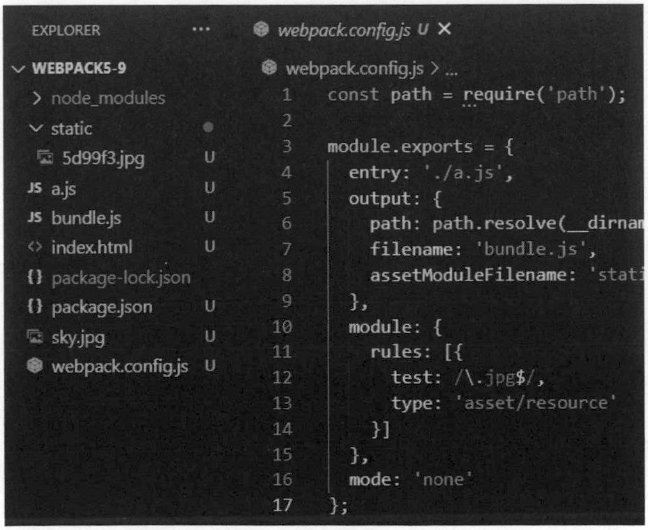

圖 5-16　打包後的檔案目錄

這兩種方式設定資源檔名稱的效果是一樣的，並且僅可用於 type 設定值是 asset 和 asset/resource 的情況。

5.4.3 資源類型為 asset/inline

現在我們來學習一下當 type 是 asset/inline 時資源模組的使用方法，書附程式範例是 webpack5-10。

它的使用非常簡單，只需要在 Webpack 設定檔裡把 module.rules 的 type 設定成 asset/inline 即可，其餘的設定及安裝與書附程式範例 webpack5-7 完全一致。

webpack.config.js 檔案的內容如下。

```
const path = require('path');

module.exports = {
  entry: './a.js',
  output: {
    path: path.resolve(__dirname, ''),
    filename: 'bundle.js'
  },
  module: {
    rules: [{
      test: /\.jpg$/,
      type: 'asset/inline'
    }]
  },
  mode: 'none'
};
```

執行 npx webpack 命令打包後，我們觀察一下檔案目錄，如圖 5-17 所示。

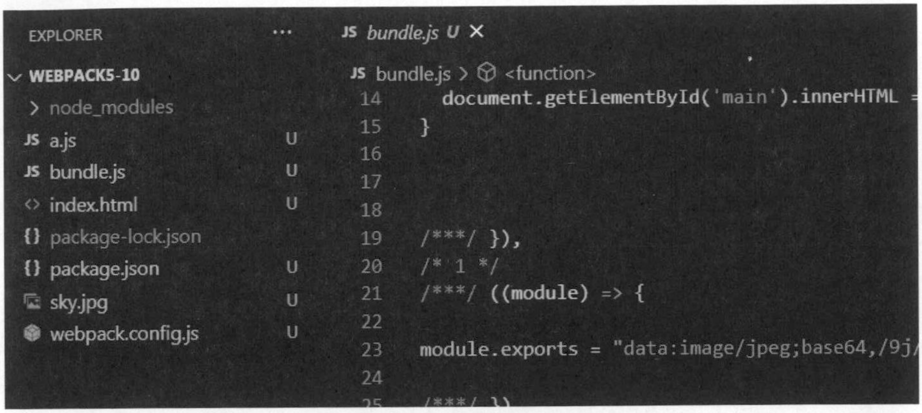

圖 5-17 檔案目錄

可以看到檔案目錄裡沒有新增圖片檔案,因為原始圖片已經被處理成 Base64 格式編碼的 data URL 並直接存放於打包生成的資源 bundle.js 檔案裡了。

這裡的 data URL 預設使用 Base64 演算法進行編碼,透過設定 generator.dataUrl 可以自訂編碼演算法。

5.4.4 資源類型為 asset

在資源模組 type 的值取 asset 的情況下,Webpack 預設對大於 8 KB 的資源會以 asset/resource 的方式處理,否則會以 asset/inline 的方式處理。

我們可以修改該資源大小的設定值,在 module.rule 的 parser. dataUrlCondition. maxSize 中進行設定,我們以一個例子來演示,書附程式範例是 webpack5-11。

a.js 檔案的內容如下。

```
import img1 from './sky.jpg';
import img2 from './flower.png';
console.log(img1);
console.log(img2);

var dom1 = `<img src='${img1}' />`;
var dom2 = `<img src='${img2}' />`;

window.onload = function () {
  document.getElementById('img1').innerHTML = dom1;
  document.getElementById('img2').innerHTML = dom2;
}
```

入口檔案是 a.js，該檔案引入了兩個圖片（4 KB 的 sky.jpg 和 150 KB 的 flower. png），將這兩個圖片分別插入兩個 DOM 裡。

webpack.config.js 檔案的內容如下。

```
const path = require('path');

module.exports = {
  entry: './a.js',
  output: {
    path: path.resolve(__dirname, ''),
    filename: 'bundle.js'
  },
  module: {
    rules: [{
      test: /\.(jpg|png)$/,
      type: 'asset',
      parser: {
        dataUrlCondition: {
          maxSize: 6 * 1024 // 6KB
        }
      }
    }]
```

```
  },
  mode: 'none'
};
```

我們把 dataUrlCondition.maxSize 的值設定成 6 KB，大於該大小的圖片會以 asset/resource 的方式處理，否則會以 asset/inline 的方式處理。

現在我們執行 npx webpack 命令來觀察打包後的檔案目錄，如圖 5-18 所示，可以看到 sky.jpg 被處理成了 data URL，存放於打包生成的資源 bundle.js 檔案裡，而 flower.png 被處理成名稱是 c7bf899839c31f83b381.png 的新圖片。

在寫作本書時，Asset Modules 雖然可以代替部分前置處理器的功能，但要進行個性化設定時還是使用前置處理器更為方便。舉例來說，若要給前置處理器設定 publicPath 的話，從目前的官方檔案來看是做不到的。另外，從 Webpack 官方發佈的開發日誌可以了解到，Asset Modules 現在存在著 Bug，還需要進行修復。

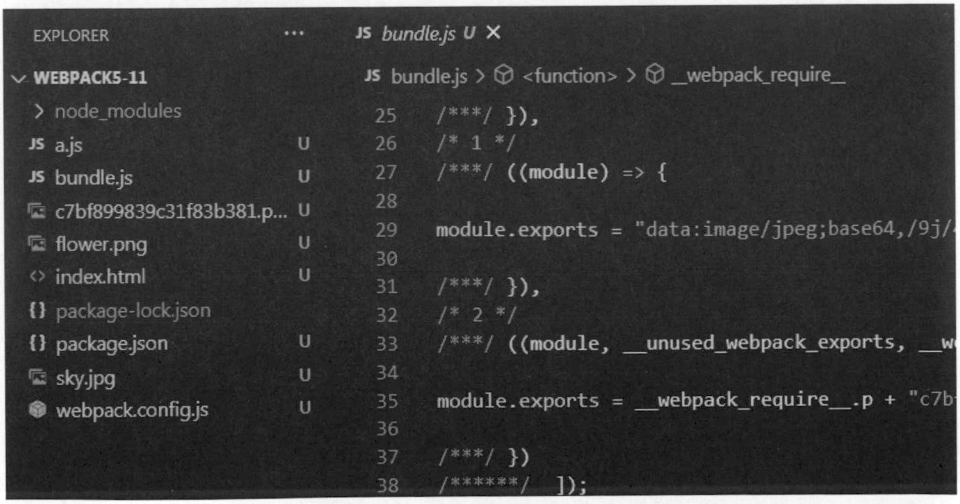

圖 5-18 打包後的檔案目錄

但是 Asset Modules 是 Webpack 的未來，檔案資源前置處理器後續已經不進行維護了，隨著 Asset Modules 功能的最佳化，未來會完全取代 file-loader 等前置處理器。開發者需要留意 Asset Modules 的最新狀態。

5.5 本章小結

在本章中，我們講解了 Webpack 開發環境的設定。

我們首先講解了 webpack-dev-server，它是本章的核心，它有自動刷新和模組熱替換等功能。接著講解了 source map，它方便我們觀察原始程式。最後講解了 Asset Modules，它未來會取代 file-loader 等前置處理器。

Webpack 生產環境設定

本章主要講解 Webpack 生產環境設定。

生產環境是指程式會被使用者直接使用的線上正式環境,這些程式通常存放在後端伺服器和 CDN 上。

專案要上線,我們就需要一個提供給生產環境使用的 Webpack 設定,我們用該設定來打包前端專案,打包後的程式可以直接存放在後端伺服器和 CDN 上。

在第 5 章中,我們講解了開發環境的設定,實際開發中,開發環境的設定和生產環境的設定有很多是相同的,舉例來說,都會設定相同的 entry 設定。對於相同的設定,考慮到程式的重複使用性和可維護性,我們通常要提取出相同的設定,然後區分打包環境。這時我們就需要用到環境變數的知識。

相同的設定要分別與開發環境和生產環境合併，我們會用到 webpack-merge 這個工具，它類似於 Object.assign 方法，但它比 Object.assign 更加強大，非常適合對 Webpack 的設定進行合併。

生產環境與開發環境不同的一點就是對樣式的處理，本章會重點介紹如何對生產環境的樣式檔案進行建構設定。

本章最後會介紹一個設定 performance，它可以對我們打包的一些指標進行監控。舉例來說，當打包檔案超過 500 KB 時，就會發出警告提示。

學完本章，就會完成 Webpack 基礎的學習。

6.1　環境變數

環境變數，指的是設定程式執行環境的一些參數。這裡的程式也包括作業系統，作業系統本質上是一個大型程式。

在我們使用 Webpack 的過程中，會遇到以下兩種環境變數。

❶　Node.js 環境裡的環境變數。
❷　Webpack 打包模組裡的環境變數。

下面我們分別來講解。

6.1.1　Node.js 環境裡的環境變數

Node.js 環境裡的環境變數，指的是用 Node.js 執行 JS 程式時可以獲取到的環境變數，它們存放在 process.env 模組中。

我們先來獲取 Node.js 的環境變數。在任意目錄下新建一個 test.js 檔案，在裡面輸入 console.log(process.env) 後保存，然後在命令列主控台使用 node test.js 命令執行該指令稿，就可以看到當前 Node.js 的環境變數，如圖 6-1 所示。

```
{
  ALLUSERSPROFILE: 'C:\\ProgramData',
  APPDATA: 'C:\\Users\\dell\\AppData\\Roaming',
  CommonProgramFiles: 'C:\\Program Files\\Common Files',
  'CommonProgramFiles(x86)': 'C:\\Program Files (x86)\\Common Files',
  CommonProgramW6432: 'C:\\Program Files\\Common Files',
  COMPUTERNAME: 'ABC',
  ComSpec: 'C:\\Windows\\system32\\cmd.exe',
  DriverData: 'C:\\Windows\\System32\\Drivers\\DriverData',
  FPS_BROWSER_APP_PROFILE_STRING: 'Internet Explorer',
  FPS_BROWSER_USER_PROFILE_STRING: 'Default',
  HOMEDRIVE: 'C:',
  HOMEPATH: '\\Users\\dell',
  LOCALAPPDATA: 'C:\\Users\\dell\\AppData\\Local',
  LOGONSERVER: '\\\\ABC',
  MOZ_PLUGIN_PATH: 'C:\\Program Files (x86)\\Foxit Software\\Foxit Reader
  NUMBER_OF_PROCESSORS: '2',
  OS: 'Windows_NT',
```

圖 6-1 當前 Node.js 的環境變數

如果我們想要自訂一個 Node.js 環境變數，在 Windows 作業系統下，可以透過 set 命令。我們在命令列主控台輸入 set MY_ENV=dev 命令後按確認鍵，這時不要退出當前的命令列視窗，接著在命令列主控台使用 node test.js 命令執行該指令稿，觀察當前 Node.js 的環境變數，可以看到多了一個 MY_ENV：'dev' 的 key value pair，這就是我們設定的環境變數，如圖 6-2 所示。

如果是 Linux 作業系統，可以透過 export 命令設定環境變數：export MY_ENV=dev。

```
D:\mygit\webpack-babel\6>set MY_ENV=dev

D:\mygit\webpack-babel\6>node test.js
{
  ALLUSERSPROFILE: 'C:\\ProgramData',
  APPDATA: 'C:\\Users\\dell\\AppData\\Roaming',
  CommonProgramFiles: 'C:\\Program Files\\Common Files',
  'CommonProgramFiles(x86)': 'C:\\Program Files (x86)\\Common Files',
  CommonProgramW6432: 'C:\\Program Files\\Common Files',
  COMPUTERNAME: 'ABC',
  ComSpec: 'C:\\Windows\\system32\\cmd.exe',
  DriverData: 'C:\\Windows\\System32\\Drivers\\DriverData',
  FPS_BROWSER_APP_PROFILE_STRING: 'Internet Explorer',
  FPS_BROWSER_USER_PROFILE_STRING: 'Default',
  HOMEDRIVE: 'C:',
  HOMEPATH: '\\Users\\dell',
  LOCALAPPDATA: 'C:\\Users\\dell\\AppData\\Local',
  LOGONSERVER: '\\\\ABC',
  MOZ_PLUGIN_PATH: 'C:\\Program Files (x86)\\Foxit Software\\Foxit Reader
  MY_ENV: 'dev',
  NUMBER_OF_PROCESSORS: '2',
  OS: 'Windows_NT',
```

圖 6-2 自訂的環境變數

在實際開發中，我們一般需要設定跨作業系統的環境變數。一般來説在 npm 的 package.json 檔案中，我們可以透過跨作業系統的 cross-env MY_ENV=dev 這種方式進行環境變數的設定。cross-env 是一個 npm 套件，安裝完成後就可以使用它了。

```
npm install --save-dev cross-env@7.0.3
```

現在新建一個專案，書附程式範例是 webpack6-1。

透過 npm init -y 命令初始化專案後，我們在 package.json 檔案裡增加以下的指令碼命令。

```
"scripts": {
  "build": "cross-env MY_ENV=dev webpack"
}
```

這樣我們在執行 npm run build 命令的時候，會先執行 cross-env MY_
ENV=dev 命令來設定系統的環境變數，緊接著執行 webpack 命令進行
打包，這個打包過程會尋找預設的 Webpack 設定檔。

Webpack 的設定檔程式如下，其中的入口檔案 a.js 裡的程式無關緊
要，a.js 檔案中的程式是 var myAge = 18。

```
var path = require('path');

console.log('start');
console.log(process.env.MY_ENV);
console.log('end');

module.exports = {
  entry: './a.js',
  output: {
    path: path.resolve(__dirname, ''),
    filename: 'bundle.js'
  },
  mode: 'none'
};
```

現在我們執行 npm run build 命令，然後觀察命令列主控台，可以看到
主控台列印出了該環境變數值，如圖 6-3 所示。

圖 6-3 主控台列印出的環境變數值

MY_ENV=dev 是我們隨便起的環境變數名稱，通常我們會使用業界
預設的環境變數名稱，舉例來說，本地開發環境可以使用 cross-env

NODE_ENV= development，生產環境可以使用 cross-env NODE_ENV=production。

6.1.2 Webpack 打包模組裡的環境變數

Webpack 打包模組裡的環境變數，指的是我們用 Webpack 所打包檔案裡的環境變數，前面章節裡我們打包的 a.js 和 b.js 都是這類別模組。

在實際開發中，我們有時候需要在邏輯程式根據此程式是執行在本地開發環境還是線上生產環境裡做區分，這個時候就需要在業務模組檔案裡注入環境變數。

我們透過 DefinePlugin 外掛程式來設定打包模組裡的環境變數，它是 Webpack 附帶的外掛程式，使用方法很簡單，書附程式範例是 webpack6-2。

```
var webpack = require('webpack');
//...
plugins: [
  new webpack.DefinePlugin({
    IS_OLD: true,
    MY_ENV: JSON.stringify('dev'),
    NAME: "'Jack'",
  }),
],
```

透過上面的程式，我們就在被打包的模組裡注入了三個環境變數：IS_OLD、MY ENV 和 NAME。我們可以在 a.js 檔案裡獲取到這三個變數。

a.js 檔案的內容如下。

```
console.log(IS_OLD);
console.log(MY_ENV);
console.log(NAME);
```

執行 npx webpack 命令打包後，在瀏覽器裡打開引用了 bundle.js 的 HTML 檔案，我們發現主控台正常輸出了 true、dev 和 Jack，如圖 6-4 所示。

圖 6-4　主控台的輸出

通常我們也會採用業界通用的環境變數進行設定，在開發環境 的 Webpack 設 定 檔 裡 ， 通 常 將 其 設 定 為 NODE_ENV:JSON. stringify('development')，在生產環境的 Webpack 設定檔裡，通常將其 設定為 NODE_ENV:JSON.stringify('production')。

需要注意的是，我們在設定一個字串值的時候，需要在外層再包裹一 層引號，或使用 JSON.stringify() 方法。如果不進行一層額外包裹， Webpack 會把該字串當成一個變數來處理。

本節主要講解了 Webpack 使用過程中會遇到的兩種環境變數，Node.js 環境裡的環境變數及 Webpack 打包模組裡的環境變數。它們的區別簡 單描述就是：Node.js 環境裡的環境變數是用 Node.js 執行 JS 指令稿時 的變數；Webpack 打包模組裡的環境變數是在被打包檔案裡可以獲取到 的變數。

6.2 樣式處理

在第 1 章介紹前置處理器的時候，使用了 style-loader 和 css-loader 來
處理樣式。經過 style-loader 和 css-loader 處理後的樣式程式是透過
JS 邏輯動態插入頁面裡的。線上的生產環境中，我們往往需要把樣式程
式提取到單獨的 CSS 檔案裡，這個時候就需要做一些額外的處理。

6.2.1 樣式檔案的提取

樣式檔案的提取需要用到 Webpack 外掛程式，Webpack 3 及之前的版
本裡常用到的外掛程式是 extract-text-webpack-plugin，Webpack 3 之
後的版本裡一般用的外掛程式是 mini-css-extract-plugin。本節我們講
解 mini-css-extract-plugin 這個外掛程式的使用方法。

我們先看一個範例，書附程式範例是 webpack6-3。

首先安裝對應的 npm 套件。

```
npm install -D webpack@5.21.2 webpack-cli@4.5.0
npm install -D css-loader@5.0.2 mini-css-extract-plugin@1.3.9
```

webpack.config.js 檔案的內容如下。

```
var path = require('path');
var MiniCssExtractPlugin = require('mini-css-extract-plugin');

module.exports = {
  entry: './a.js',  // a.js 裡引入了 CSS 檔案
  output: {
    path: path.resolve(__dirname, ''),
    filename: 'bundle.js'
```

```
  },
  module: {
    rules: [{
      test: /\.css$/,
      use: [
        MiniCssExtractPlugin.loader,
        'css-loader'
      ],
    }],
  },
  plugins:[
    new MiniCssExtractPlugin({
      filename: '[name]-[contenthash:8].css',
      chunkFilename: '[id].css',
    }),
  ],
  mode: 'none'
};
```

要打包的專案的入口檔案是 a.js，a.js 檔案裡引入了樣式檔案 b.css。

a.js 檔案的內容如下。

```
import './b.css'
b.css
.hello {
  margin: 30px;
  color: blue;
}
```

現在我們執行 npx webpack 命令進行打包，可以看到新生成了 bundle.
js 和 main-6c180ee5.css 這兩個資源檔。main-6c180ee5.css 檔案裡
的內容就是 b.css 檔案裡的樣式程式，如圖 6-5 所示。

```
D:\mygit\webpack-babel\6\webpack6-3>npx webpack
asset bundle.js 2.07 KiB [emitted] (name: main)
asset main-6c180ee5.css 45 bytes [emitted] [immutable] (name: main)
Entrypoint main 2.12 KiB = main-6c180ee5.css 45 bytes bundle.js 2.07 KiB
runtime modules 274 bytes 1 module
cacheable modules 66 bytes
  ./a.js 16 bytes [built] [code generated]
  ./b.css 50 bytes [built] [code generated]
css ./node_modules/css-loader/dist/cjs.js!./b.css 44 bytes [code generated]
webpack 5.24.3 compiled successfully in 609 ms
```

圖 6-5 main-6c180ee5.css 檔案裡的內容

我們在 index.html 檔案裡引入這兩個檔案，可以看到樣式生效了。

使用 mini-css-extract-plugin 外掛程式時有以下兩個關鍵點。

一是它自身帶有一個前置處理器，在用 css-loader 處理完 CSS 模組後，需要緊接著使用 MiniCssExtractPlugin.loader 這個前置處理器。

二是它需要在 Webpack 設定檔的外掛程式清單進行設定，執行 new MiniCssExtractPlugin 命令時需要傳入一個物件，filename 表示同步程式裡提取的 CSS 檔案名稱，chunkFilename 表示非同步程式裡提取的 CSS 檔案名稱。我們這個例子裡只有同步程式，所以生成的 CSS 檔案名稱是 main-6c180ee5.css。

現在我們已經透過 mini-css-extract-plugin 外掛程式把樣式程式提取到單獨的 CSS 檔案裡，但這些 CSS 檔案目前孤零零地躺在打包後的原始目錄裡，需要手動引入 HTML 檔案裡。

在實際開發中，手動引入樣式檔案會大大增加開發成本，我們需要讓 HTML 檔案自動引入 CSS 檔案。第 4 章裡介紹過 html-webpack-plugin 外掛程式，使用它可以自動引入打包後生成的 CSS 檔案，書附程式範例是 webpack6-4。

我們修改設定檔 webpack.config.js，內容如下。

```
//...
var HtmlWebpackPlugin = require('html-webpack-plugin');
//...
plugins:[
  new HtmlWebpackPlugin({
    template: 'template.html'
  }),
  new MiniCssExtractPlugin({
    filename: '[name]-[contenthash:8].css',
    chunkFilename: '[id].css',
  }),
],
```

我們增加一個 HTML 範本檔案 template.html，內容如下。

```
<!DOCTYPE html>
<html lang="en">
<head>
</head>
<body>
  <div class="hello">Hello, Loader</div>
</body>
</html>
```

執行 npm install -D html-webpack-plugin@5.1.0 命令進行安裝後，執行 npx webpack 命令進行打包，在瀏覽器裡打開 index.html 檔案，就可以看到自動引入了打包後的資源檔。

6.2.2 Sass 處理

在開發中，我們通常會採用 Sass 或 Less 來書寫樣式檔案，本節介紹 Sass 樣式檔案如何進行處理，Less 樣式檔案的處理也是類似的。

處理 Sass 樣式檔案需要使用 sass-loader 前置處理器，使用它需要先安裝 sass-loader 這個 npm 套件。sass-loader 底層依賴於 Node Sass 或 Dart Sass 進行處理，它們對應的 npm 套件的名稱分別是 node-sass 和 sass。因為 node-sass 套件在安裝使用過程中容易遇到一些問題，所以我們推薦使用 sass 這個 npm 套件，書附程式範例是 webpack6-5。安裝 sass 套件的命令如下。

```
npm install -D sass@1.32.8  sass-loader@11.0.1
```

Sass 有兩種書寫樣式的方式，分別是 Sass 和 Scss，這裡我們採用 Scss 的書寫方式。

新建樣式檔案 c.scss 內容如下。

```
body {
  .hello {
    margin: 30px;
    color: blue;
  }
}
```

a.js 檔案的內容如下。

```
import './c.scss'
```

webpack.config.js 檔案的內容如下。

```
var path = require('path');
var MiniCssExtractPlugin = require('mini-css-extract-plugin');
var HtmlWebpackPlugin = require('html-webpack-plugin');

module.exports = {
  entry: './a.js',  // a.js 裡引入了 CSS 檔案
```

```
  output: {
    path: path.resolve(__dirname, ''),
    filename: 'bundle.js'
  },
  module: {
    rules: [
      {
        test: /\.(scss|css)$/,
        use: [
          MiniCssExtractPlugin.loader,
          'css-loader',
          'sass-loader',
        ],
      },
    ],
  },
  plugins:[
    new HtmlWebpackPlugin({
      template: 'template.html'
    }),
    new MiniCssExtractPlugin({
      filename: '[name]-[contenthash:8].css',
      chunkFilename: '[id].css',
    }),
  ],
  mode: 'none'
};
```

與之前的不同點主要是 rules 裡處理樣式檔案的變化，test 改為了 /\.(scss|css)$/，前置處理器首先使用 sass-loader。

執行 npx webpack 命令進行打包，我們發現 c.scss 樣式檔案被順利處理。

```
body .hello {
  margin: 30px;
```

```
    color: blue;
}
```

6.2.3 PostCSS

PostCSS 是一個轉換 CSS 的工具，但它本身沒有提供具體的樣式處理能力。我們可以認為它是一個外掛程式平台，具體的樣式處理能力由它轉交給專門的樣式外掛程式來處理，書附程式範例是 webpack6-6。

在使用 PostCSS 的時候也需要增加對應的設定檔，我們在專案根目錄下增加 postcss.config.js 檔案，內容如下。

```
module.exports = {};
```

該設定檔提供了一個物件，具體處理 CSS 的特性就在該物件上進行設定。

在 Webpack 中使用 PostCSS，需要安裝 postcss-loader 這個 npm 套件。在 Webpack 檔案裡設定處理樣式模組規則時，讓 postcss-loader 在 css-loader 之前進行處理即可。

```
npm install -D postcss-loader@5.1.0
module: {
  rules: [
    {
      test: /\.(scss|css)$/,
      use: [
        MiniCssExtractPlugin.loader,
        'css-loader',
        'postcss-loader',
        'sass-loader',
      ],
```

```
    },
  ],
},
```

安裝完與之前一樣的 npm 套件後，執行 npx webpack 命令打包，我們
發現打包後的樣式檔案和不使用 postcss-loader 處理時是一樣的，這是
因為我們沒有進行 PostCSS 的設定。

在開發過程中，我們使用 PostCSS 最重要的功能就是提供 CSS 樣式
瀏覽器廠商私有字首，它是透過 Autoprefixer 來實現的。我們也可以透
過 postcss-preset-env 來實現該功能，postcss-preset-env 裡包含了
Autoprefixer，本書將直接使用 Autoprefixer。

```
npm install --save-dev autoprefixer@10.2.5
```

我們的樣式檔案程式如下，在裡面使用了 flex 版面配置屬性，書附程式
範例是 webpack6-7。

c.scss 檔案的內容如下。

```
body {
  .hello {
    margin: 30px;
    color: blue;
    display: flex;
  }
}
```

在一些舊版本的瀏覽器裡，flex 等屬性需要增加瀏覽器私有字首才能使
用。舉例來說，比較舊的 Chrome 瀏覽器需要加 -webkit- 字首。現在我
們使用 Autoprefixer 自動加字首。

修改 postcss.config.js 檔案後的內容如下。

```
var autoprefixer = require('autoprefixer');

module.exports = {
  plugins: [
    autoprefixer({
      browsers: [
        "chrome >= 18"
      ]
    })
  ]
};
```

然後執行 npx webpack 命令進行打包，打包後的樣式檔案如下。

```
body .hello {
  margin: 30px;
  color: blue;
  display: -webkit-box;
  display: -webkit-flex;
  display: flex;
}
```

可以看到，已經增加了字首。

在進行打包的時候，會提示我們使用 browserslist 來代替在 Autoprefixer 裡設定的 browsers，如果你對 browserslist 熟悉的話，可以在 browserslist 設定檔裡進行設定，因為 browserslist 的設定對 Babel 也會生效，適用範圍更廣，這裡就不多作說明了。

PostCSS 支持的外掛程式非常多，對每一個外掛程式的使用根據其檔案進行設定即可，根據需求的不同，讀者可以自行選擇。

6.3 合併設定 webpack-merge

在實際開發中，開發環境和生產環境的設定有很多是相同的，例如都會
設定相同的 entry。考慮到程式的重複使用性和可維護性，我們通常要
把相同的設定提取出來，以供開發環境和生產環境來使用。我們來看一
個例子，書附程式範例是 webpack6-8。

在這個例子裡，我們在 package.json 檔案裡設定了兩個 npm 命令，分
別對應本地開發環境打包和生產環境打包。

```
"scripts": {
  "start": "cross-env NODE_ENV=development webpack serve",
  "build": "cross-env NODE_ENV=production webpack"
},
```

當執行 npm run start 命令的時候，會將環境變數 NODE_ENV 設定為
development 並開啟本地 Webpack 開發服務；當執行 npm run build
命令的時候，會將環境變數 NODE_ENV 設定為 production 後進行
Webpack 打包。

Webpack 的設定檔 webpack.config.js 的內容如下。

```
var path = require('path');
var MiniCssExtractPlugin = require('mini-css-extract-plugin');
var HtmlWebpackPlugin = require('html-webpack-plugin');

let loaders = [];
let plugins = [
  new HtmlWebpackPlugin({
    template: 'template.html'
  })
];
```

```
if (process.env.NODE_ENV == 'development') {
  loaders = ['style-loader', 'css-loader'];
} else {
  loaders = [
    MiniCssExtractPlugin.loader,
    'css-loader'
  ];
  let plugin = new MiniCssExtractPlugin({
    filename: '[name]-[contenthash:8].css',
    chunkFilename: '[id].css',
  });
  plugins.push(plugin)
}

module.exports = {
  entry: './a.js',  // a.js 裡引入了 CSS 檔案
  output: {
    path: path.resolve(__dirname, ''),
    filename: 'bundle.js'
  },
  module: {
    rules: [{
      test: /\.css$/,
      use: loaders
    }],
  },
  plugins: plugins,
  mode: 'none'
};
```

該例子使用了 html-webpack-plugin 外掛程式，外掛程式範本 template.html 的內容如下。

```
<!DOCTYPE html>
<html lang="en">
```

```
<head>
</head>
<body>
  <div class="hello">Hello, Loader</div>
</body>
</html>
```

入口檔案是 a.js，它的作用是引入樣式檔案 b.css，該樣式檔案使 .hello 這個 div 的 margin 變成 30px 且文字顏色變成藍色。

a.js 檔案的內容如下。

```
import './b.css'
```

b.css 檔案的內容如下。

```
.hello {
  margin: 30px;
  color: blue;
}
```

觀察 Webpack 設定檔的程式，我們對環境變數進行了判斷，對於開發環境與生產環境分別設定了不同的前置處理器與外掛程式。在開發環境下，在使用 css-loader 解析完 CSS 檔案後直接使用 style-loader 將其打包到 bundle.js 檔案裡；而生產環境則使用了 mini-css-extract-plugin 外掛程式將 CSS 檔案單獨提取出來。分別執行 npm run start 命令和 npm run build 命令打包後，瀏覽器顯示分別如圖 6-6 和圖 6-7 所示。

圖 6-6 執行 npm run start 命令後的瀏覽器顯示

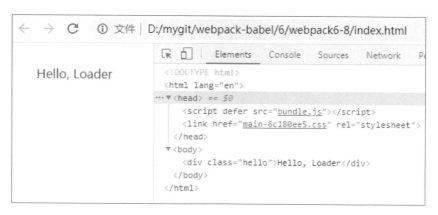

圖 6-7 執行 npm run build 命令後的瀏覽器顯示

在上面的例子中,我們把開發環境與生產環境的設定寫在同一個檔案裡,在專案簡單的時候,我們還能接受這種合併的寫法。但一旦專案變得複雜起來,就會難以維護。

針對這個問題,業界流行的解決辦法是把開發環境與生產環境公共的設定提取到一個單獨的檔案裡,然後分別維護一份開發環境的設定檔和一份生產環境的設定檔,並將公共設定檔的 JS 程式合併到這兩個檔案裡。

提到合併，ES6 的 Object.assign 方法可以對 JS 物件進行合併。

```
var obj1 = {
  name: 'Jack',
  age: 18,
  books: ['A', 'B', 'C']
};
var obj2 = {
  name: 'Tom',
  books: ['A', 'E']
};
var obj = Object.assign({}, obj1, obj2);
console.log(obj);
```

我們在瀏覽器裡執行這段程式，瀏覽器列印出的 obj 如下。

```
{name: "Tom", age: 18, books: ['A', 'E']}
```

可以看到，合併後的值取的是最後傳入參數裡的值，它無法完成多級資料的深拷貝，因此對我們合併 Webpack 設定檔這種層級結構非常多的 JS 物件來説並不適用。

針對這個問題，Webpack 提供了 webpack-merge 工具，它非常適合 Webpack 檔案的合併。

安裝 webpack-merge 只需要安裝它的 npm 套件即可，使用的時候只需要使用它對外提供的 merge 方法，直接合併 Webpack 設定檔即可。

```
npm install -D webpack-merge@5.7.3
```

現在我們把上面例子的 Webpack 設定檔進行改寫，書附程式範例是 webpack6-9。

webpack.common.js 是 公 共 設 定 檔，webpack.development.js 與 webpack.production. js 分別是開發環境設定檔與生產環境設定檔。

webpack.common.js 檔案的內容如下。

```javascript
var path = require('path');
var HtmlWebpackPlugin = require('html-webpack-plugin');

module.exports = {
  entry: './a.js',
  output: {
    path: path.resolve(__dirname, ''),
    filename: 'bundle.js'
  },
  module: {
  },
  plugins: [
    new HtmlWebpackPlugin({
      template: 'template.html'
    })
  ],
  mode: 'none'
};
```

webpack.development.js 檔案的內容如下。

```javascript
const { merge } = require('webpack-merge');
const common = require('./webpack.common.js');

module.exports = merge(common, {
  module: {
    rules: [{
      test: /\.css$/,
      use: ['style-loader', 'css-loader']
    }],
  }
});
```

webpack.production.js 檔案的內容如下。

```javascript
const { merge } = require('webpack-merge');
const common = require('./webpack.common.js');
const MiniCssExtractPlugin = require('mini-css-extract-plugin');

module.exports = merge(common, {
  module: {
    rules: [{
      test: /\.css$/,
      use: [ MiniCssExtractPlugin.loader, 'css-loader']
    }],
  },
  plugins: [
    new MiniCssExtractPlugin({
        filename: '[name]-[contenthash:8].css',
        chunkFilename: '[id].css',
    })
  ]
});
```

最後修改 package.json 檔案裡的 npm 命令，使 Webpack 打包時使用
指定的設定檔。

```json
"scripts": {
  "start": "cross-env NODE_ENV=development webpack serve --config
webpack.development.js",
  "build": "cross-env NODE_ENV=production webpack --config webpack.
production.js"
},
```

現在分別執行 npm run start 命令和 npm run build 命令打包，效果和書
附程式範例 webpack6-8 完全一致。

webpack-merge 工具給我們的設定檔增加了靈活性和可維護性，在之前的版本裡它還支持 merge.smart 方法進行智慧合併，但由於該方法要考慮的邊界條件太多，從 2020 年開始該工具已經不再支援 merge.smart 方法了。在我們平時的前端開發工作中，只需要使用其基礎的 merge 方法，就可以極佳地完成設定檔的撰寫工作。

6.4 性能提示

在使用 Webpack 將程式打包到線上生產環境的時候，我們需要觀察打包後的資源大小是否合適，如果檔案太大，就需要減小其體積以便提升頁面載入速度。

在 Webpack 設定檔裡，可以用 performance 設定進行性能提示。舉例來說，如果一個資源超過 512 KB，Webpack 會輸出一個警告來通知使用者。

```
performance: {
  maxEntrypointSize: 512000,
  maxAssetSize: 512000,
},
```

Performance 有 四 個 參 數， 分 別 是 hints、maxEntrypointSize、maxAssetSize 和 assetFilter。

▌ 1. hints

該參數用來設定 Webpack 如何提示訊息。它有三種可設定值，分別是字串類型的 warning 與 error，以及布林值 false，其預設值是

warning。當設定為 warning 或 error 時，Webpack 會進行警告或錯誤
訊息；若設定為 false，則不進行資訊提示。

2. maxEntrypointSize

該參數用來設定 Webpack 入口資源的最大體積，超過該值就會進行資
訊提示，預設值是 250,000，單位是 Byte，即 250 KB。

3. maxAssetSize

該參數用來設定 Webpack 打包資源的最大體積，超過該值就會進行資
訊提示，預設值是 250,000，單位是 Byte。

4. assetFilter

該參數用來設定哪些檔案會被 Webpack 進行性能提示，該參數值是一
個函數，預設值如下，一般不需要我們進行修改。

```
function assetFilter(assetFilename) {
  return !/\.map$/.test(assetFilename);
}
```

現在我們透過一個例子來實際設定性能提示，書附程式範例是
webpack6-10。

webpack.config.js 檔案的內容如下。

```
var path = require('path');

module.exports = {
  entry: './a.js',
  output: {
    path: path.resolve(__dirname, ''),
```

```
    filename: 'bundle.js'
  },
  performance: {
    hints: 'error',
    maxEntrypointSize: 1000,
  },
  mode: 'none'
};
```

入口檔案 a.js 的內容如下。

```
let str = 'ewtewtae...';  // 一個非常長的字串,使 a.js 的體積大小為 1.3 KB
console.log(str);
```

安裝 npm 套件後,執行 **npx webpack** 命令打包,這個時候 Webpack 在命令列視窗中進行了錯誤訊息,如圖 6-8 所示。

```
D:\mygit\webpack-babel\6\webpack6-10>npx webpack
asset bundle.js 1.42 KiB [compared for emit] (name: main)
./a.js 1.37 KiB [built] [code generated]

ERROR in entrypoint size limit: The following entrypoint(s) combined asset size
exceeds the recommended limit (1000 bytes). This can impact web performance.
Entrypoints:
  main (1.42 KiB)
      bundle.js


ERROR in webpack performance recommendations:
You can limit the size of your bundles by using import() or require.ensure to la
zy load some parts of your application.
For more info visit https://webpack.js.org/guides/code-splitting/

webpack 5.21.2 compiled with 2 errors in 82 ms
```

圖 6-8　錯誤訊息

出現此錯誤訊息是因為我們把 performance.hints 設定為 error,並且 performance.maxEntrypointSize 的值為 1000(1 KB),而入口檔案 a.js 的體積大小是 1.3 KB,超過了限制值 1 KB。當我們把 performance.

maxEntrypointSize 設定為 3000 的時候，它的體積大小已經超過了我們的入口檔案體積大小，也就不會再提示錯誤訊息了。

6.5 本章小結

本章主要講解了 Webpack 生產環境設定的知識。

在實際開發中，會存在多個環境的打包區分，我們透過環境變數來區分環境。不同的環境存在相同的設定，也會存在不同的設定，我們透過 webpack-merge 這個工具來合併 Webpack 設定。生產環境與開發環境不同的一點是對樣式的處理，本章重點介紹如何進行生產環境的樣式檔案設定。最後介紹了設定 performance，它可以對我們打包資源的體積大小進行監控，方便做一些性能最佳化。

- 6.5 本章小結

Webpack 性能最佳化

Webpack 性能最佳化整體包括兩部分，分別是開發環境的最佳化與生產環境的最佳化。

開發環境的最佳化與生產環境的最佳化有一個共同目標，那就是減少打包時間，這也是 Webpack 非常重要的最佳化目標。

對於開發環境，我們還要針對開發者的使用體驗做一些最佳化；而對於生產環境，我們還需要提升 Web 頁面的載入性能。

另外，對於性能最佳化，我們要做整體考慮，既要考慮打包時間減少比例，也要考慮時間的度量。舉一個極端的對照例子，打包時間從 12 min 最佳化到 3 min 與從 12 s 最佳化到 3 s，減少比例是一樣的，但付出的研發成本可能是不一樣的。對於前者，我們可能只需要一天時間就能達到最佳化效果；對於後者，可能花費一個月的時間都達不到最佳化效果。

從整體考慮，從 12 s 最佳化到 3 s 的價值並不大。我們按每週打包生產環境 1 次來算，一年打包大約 50 次，一共節省了不到 8 min。另外，從 12 s 最佳化到 3 s 這種極致最佳化，可能會帶來複雜的 Webpack 設定和建構前置處理，反而會增加開發者的心智負擔。所以，這種最佳化的意義不大。通常生產環境打包 3 min 左右都是可以接受的，當然打包時間越短越好，但我們也要綜合考慮投入產出比。

本章首先會介紹兩個可以用來監控建構性能的工具，分別用來監控打包體積大小和打包時間。接下來會介紹一些具體的最佳化措施。

7.1 打包體積分析工具 webpack-bundle-analyzer

為了更快捷地進行 Webpack 最佳化，我們需要一些視覺化工具來監控並分析打包的結果。webpack-bundle-analyzer 是一個非常有用的 Webpack 最佳化分析工具，它透過可縮放圖型的形式，幫我們分析打包後的資源體積大小，並可以分析該資源由哪些模組組成。

它的使用也非常簡單，本節我們會直接透過一個例子來進行講解，書附程式範例是 webpack7-1。

7.1.1 安裝

在本地新建專案目錄 webpack7-1，然後安裝相關的 npm 套件。

```
npm install --save-dev webpack@5.21.2  webpack-cli@4.5.0 css-
loader@5.0.2 html-webpack-plugin@5.1.0 mini-css-extract-plugin@1.3.9
```

接下來安裝本節要學習的 webpack-bundle-analyzer。

```
npm install --save-dev webpack-bundle-analyzer@4.3.0
```

7.1.2 使用

在專案目錄下新建 Webpack 設定檔。

webpack.config.js 檔案的內容如下。

```js
var path = require('path');
var HtmlWebpackPlugin = require('html-webpack-plugin');
var MiniCssExtractPlugin = require('mini-css-extract-plugin');
var BundleAnalyzerPlugin = require('webpack-bundle-analyzer').
BundleAnalyzerPlugin;

module.exports = {
  entry: {
    app1: './a.js',
    app2: './d.js',
  },
  output: {
    path: path.resolve(__dirname, 'dist'),
    filename: '[contenthash:8]-[name].js'
  },
  module: {
    rules: [{
      test: /\.css$/,
      use: [
        MiniCssExtractPlugin.loader,
        'css-loader'
      ],
    }],
  },
  plugins:[
```

```
    new HtmlWebpackPlugin({
      title: 'Webpack 與 Babel 入門教學 ',
    }),
    new MiniCssExtractPlugin({
      filename: '[name]-[contenthash:8].css',
      chunkFilename: '[id].css',
    }),
    new BundleAnalyzerPlugin(),
  ],
  mode: 'none'
};
```

在這裡，我們使用了之前已經學習過的幾個前置處理器與外掛程式，即
html-webpack- plugin、mini-css-extract-plugin 和 css-loader，入口檔
案有兩個，分別是 a.js 檔案與 d.js 檔案。

a.js 檔案的內容如下。

```
import { name } from './b.js';
import './c.css';
console.log(name);
```

d.js 檔案的內容如下。

```
var year = 2022;
//...
console.log(year);
```

a.js 檔案使用了模組 b.js 和 c.css，而 d.js 檔案沒有引入其他模組，
c.css 是一個大小為 4 KB 的檔案。

b.js 檔案的內容如下。

```
export var name = 'Jack';
```

現在執行 npx webpack 命令進行打包，可以看到瀏覽器自動打開了一個
頁面，如圖 7-1 所示，這就是 webpack-bundle-analyzer 開啟的分析頁
面，這個頁面可以透過控制滑鼠來進行放大、縮小等操作。

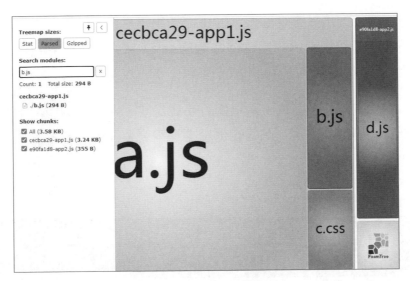

圖 7-1　分析頁面

頁面左側是一個工具清單，如果沒有展示該清單，則頁面左側會有一個
向右的箭頭按鈕「Show sidebar」，點擊該按鈕後就會展示清單。

工具清單上方是資源體積大小選項，有三種體積大小表示方法。Stat 表
示資源檔原始大小，Parsed 表示經過 Webpack 基本處理後的資源檔大
小，Gzipped 表示進行 Gzip 壓縮後的資源檔大小，預設情況下會使用
Parsed 表示法進行展示。

對資源進行 Gzip 壓縮通常是在伺服器上進行的，透過 Webpack 外掛程
式也可以對打包後的資源進行 Gzip 壓縮。因為我們的靜態資源一般都
會上傳到 CDN 或靜態資原始伺服器上，統一進行 Gzip 壓縮，所以很少
會使用外掛程式進行 Gzip 壓縮。

工具清單中可以對模組進行搜索，搜索支援正則匹配，被匹配到的模組會顯示為紅色。列表下方有「Show chunks」欄，透過選取對應的選項可以隨選展示對應的 chunks。

頁面右側展示的是打包後的資源檔由哪些模組組成，透過對其組成與大小進行分析，可以指導我們選擇合適的最佳化方案進行 Webpack 打包最佳化，例如合理分割體積過大的檔案。

該外掛程式有一些設定項目可以進行手動設定，大部分的情況下我們不需要進行額外的設定。若有個性化設定的需要，則可以參考其檔案（見連結 7）。

7.2 打包速度分析工具 speed-measure-webpack-plugin

Webpack 最佳化需要關注的除資源群組成與大小外，還需要關注打包花費的時間，這關係到開發者的使用者體驗。speed-measure-webpack-plugin 工具可以幫我們分析 Webpack 在打包過程中前置處理器和外掛程式等花費的時間。

7.2.1 安裝與設定

speed-measure-webpack-plugin 工具的使用非常簡單，只需要在前端專案裡安裝其 npm 套件，然後在 Webpack 設定檔裡呼叫其 wrap 方法即可。

以往我們的 Webpack 設定檔是以下這種形式的，對外輸出了一個物件。

```
module.exports = {
  entry: './a.js',
  output: {
    path: path.resolve(__dirname, ''),
    filename: 'bundle.js'
  },
  mode: 'none'
};
```

在使用 speed-measure-webpack-plugin 工具時，只需要使用它提供的
SpeedMeasurePlugin 類別來生成一個新實例，然後呼叫實例的 wrap
方法包裹這個物件，最後對外輸出即可。

```
const path = require('path');
const SpeedMeasurePlugin = require("speed-measure-webpack-plugin");
const smp = new SpeedMeasurePlugin();
let config = {
  entry: './a.js',
  output: {
    path: path.resolve(__dirname, ''),
    filename: 'bundle.js'
  },
  mode: 'none'
}

module.exports = smp.wrap(config);
```

現在我們透過一個簡單的例子來學習這個工具的使用方法，書附程式範
例是 webpack7-2。

新建專案目錄 webpack7-2，然後安裝 Webpack 及 speed-measure-
webpack- plugin 工具。

```
npm install -D webpack@5.21.2  webpack-cli@4.5.0 speed-measure-webpack-
plugin@1.5.0
```

Webpack 設定檔程式採用上方對外輸出的 **smp.wrap(config)** 的程式。

a.js 檔案的內容如下。

```
let year = 2022;
console.log(year);
```

現在執行 **npx webpack** 命令進行打包,命令列主控台輸出資訊增加了所
花費時間的展示,如圖 **7-2** 所示。

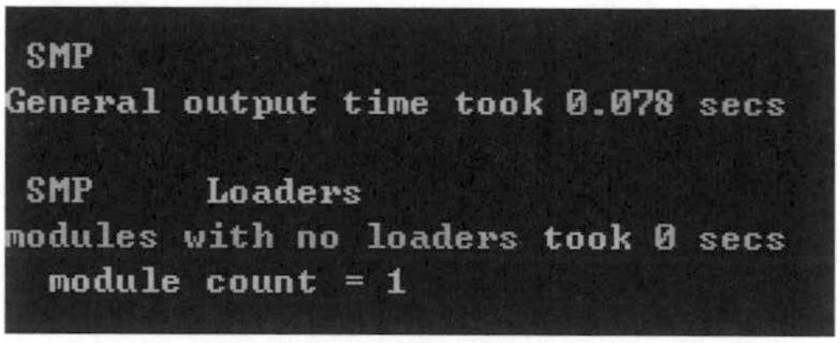

圖 7-2 命令列主控台輸出資訊增加了所花費時間的展示

7.2.2 前置處理器與外掛程式的時間分析

因為上一個專案比較簡單,所以時間花費較少,下面我們看一個使用了
前置處理器與外掛程式的例子,書附程式範例是 **webpack7-3**。

在 這 個 專 案 裡 , 我 們 使 用 了 解 析 **CSS** 的 兩 個 前 置 處 理 器 及
DefinePlugin 外掛程式。

```
const smp = new SpeedMeasurePlugin();
let config = {
  entry: './a.js',  // a.js 裡引入了 CSS 檔案
  output: {
```

```
      path: path.resolve(__dirname, 'dist'),
      filename: 'bundle.js'
    },
    module: {
      rules: [{
        test: /\.css$/,
        use: [
          'style-loader',
          'css-loader'
        ],
      }],
    },
    plugins:[
      new webpack.DefinePlugin({
        MY_ENV: JSON.stringify('dev'),
      }),
    ],
    mode: 'none'
}

module.exports = smp.wrap(config);
```

安裝好相關的 npm 套件後，執行 npx webpack 命令完成打包，輸出前
置處理器與外掛程式等花費的時間，如圖 7-3 所示。

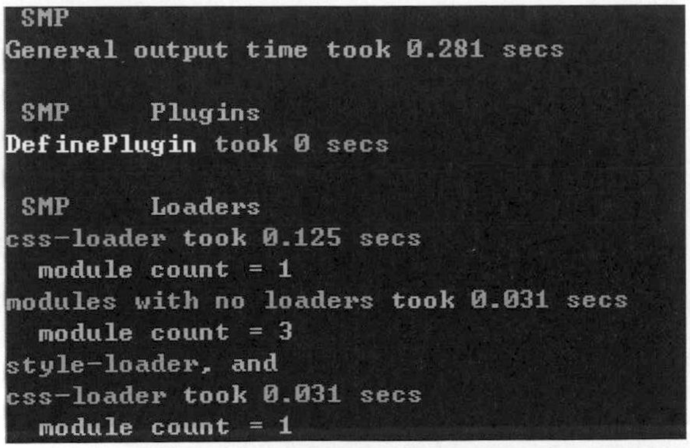

圖 7-3 輸出花費的時間

可以看到前置處理器與外掛程式的時間花費也展示在了主控台上。在實際開發的時候，前置處理器與外掛程式往往佔據了時間花費的主要部分，我們可以透過該工具的時間分析展示，對 Webpack 進行針對性最佳化。

在寫作本書時，speed-measure-webpack-plugin 工具可以在 Webpack 1 到 Webpack 4 的前端專案使用，而對於 Webpack 5 的生態還在轉換中。如果讀者在使用時遇到問題，可以嘗試把相關的 Webpack 外掛程式升級到最新版本。

7.3 資源壓縮

資源壓縮的主要目的是減小檔案體積，以提升頁面載入速度和降低寬頻消耗等。資源壓縮通常發生在生產環境打包的最後一個環節，本地開發環境中是不需要進行壓縮處理的。

資源壓縮主要是對 JS 和 CSS 檔案進行壓縮，常用的方式有把整個檔案或大段的程式壓縮成一行，把較長的變數名稱替換成較短的變數名稱，移除空格與空行等。

7.3.1 壓縮 JS 檔案

在 Webpack 4 之前，我們會使用 webpack.optimize.UglifyJsPlugin 或 webpack-parallel-uglify-plugin 這一類的外掛程式進行 JS 檔案壓縮，現在我們通常使用 terser-webpack-plugin 外掛程式進行 JS 檔案壓縮。

在 Webpack 5 中，在安裝 Webpack 時會自動安裝 terser-webpack-plugin 外掛程式，因此不需要我們單獨安裝。

使用 terser-webpack-plugin 外掛程式進行 JS 檔案壓縮時，有兩種方案可以選擇，一種是在 Webpack 設定 plugins 裡使用該外掛程式進行壓縮，另一種是透過 optimization 來設定該外掛程式作為壓縮器進行壓縮，接下來分別對這兩種方案進行講解。

▌ 1. 在 plugins 設定 terser-webpack-plugin 外掛程式

在 plugins 設定 **terser-webpack-plugin** 外掛程式和普通的外掛程式使用方法一樣，都是在 plugins 設定增加該外掛程式的新實例。完整的設定檔如下，書附程式範例是 **webpack7-4**。

webpack.config.js 檔案的內容如下。

```
var path = require('path');
var TerserPlugin = require("terser-webpack-plugin");

module.exports = {
  entry: './a.js',
  output: {
    path: path.resolve(__dirname, ''),
    filename: 'bundle.js'
  },
  plugins: [
   new TerserPlugin(),
  ],
  mode: 'none',
};
```

被壓縮的兩個 JS 檔案為 a.js 和 b.js。

a.js 檔案的內容如下。

```
import { name } from './b.js';
console.log(name);
```

b.js 檔案的內容如下。

```
export var name = 'Jack';
```

安裝好 Webpack@5.21.2 與 webpack-cli@4.5.0 後，執行 npx webpack 命令進行打包，可以觀察到打包生成的 bundle.js 檔案裡的程式被壓縮成一行程式，如圖 7-4 所示。

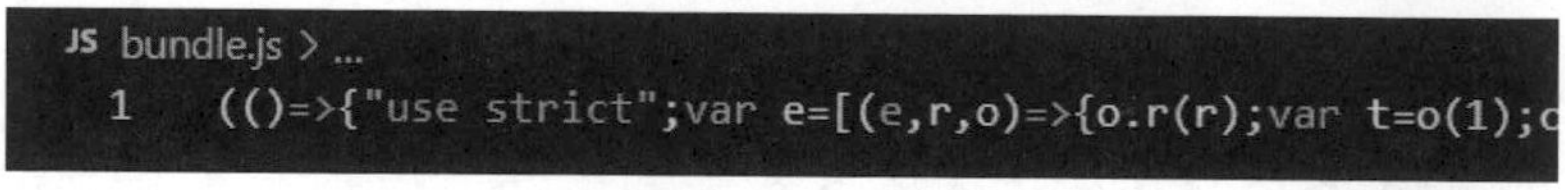

圖 7-4　JS 檔案裡的程式被壓縮成一行

▌2. 在 optimization 設定 terser-webpack-plugin 外掛程式

在 optimization 設定 terser-webpack-plugin 外掛程式和普通的外掛程式使用方法不太一樣，首先要開啟 optimization.minimize。完整的設定檔如下，書附程式範例是 webpack7-5。

webpack.config.js 檔案的內容如下。

```
var path = require('path');
var TerserPlugin = require("terser-webpack-plugin");

module.exports = {
  entry: './a.js',
  output: {
    path: path.resolve(__dirname, ''),
```

```
      filename: 'bundle.js'
  },
  optimization: {
    minimize: true,
    minimizer: [new TerserPlugin()],
  },
  mode: 'none',
};
```

optimization.minimize 是一個布林值，optimization.minimizer 是一個
陣列，該陣列用於存放壓縮器。

當 將 optimization.minimize 的 值 設 為 true 時，Webpack 會 使 用
optimization.minimizer 裡設定的壓縮器進行壓縮。在這個例子裡，我們
設定的壓縮器是 new TerserPlugin()，在執行 npx webpack 命令進行打
包後，生成的 bundle.js 檔案裡的程式會與前面的例子裡一樣被壓縮成
一行。

當將 optimization.minimize 的值設為 false 時，不會使用 optimization.
minimizer 裡設定的壓縮器進行壓縮。optimization.minimize 參數就像
一個開關，控制著壓縮器是否工作。optimization.minimizer 裡除了可以
設定壓縮 JS 檔案的壓縮器，還可以設定壓縮 CSS 檔案的壓縮器。

7.3.2 壓縮 CSS 檔案

在 Webpack 4 時期，用來壓縮 CSS 檔案的外掛程式通常是 optimize-
css-assets-webpack- plugin 外掛程式。在寫作本書的時候，optimize-
css-assets-webpack-plugin 外 掛 程 式 的 開 發 者 已 經 放 棄 了 其 對
Webpack 5 的支援，建議使用 css-minimizer-webpack-plugin 外掛程式

對 CSS 檔案進行壓縮，因此本書選擇對使用 css-minimizer-webpack-plugin 外掛程式壓縮 CSS 檔案進行講解。

本節使用一個帶有 CSS 樣式的專案來演示，書附程式範例是 webpack7-6。

本地新建一個專案目錄 webpack7-6，安裝 Webpack 及處理 CSS 樣式相關的 npm 套件。

```
npm install -D webpack@5.21.2 webpack-cli@4.5.0
npm install -D css-loader@5.0.2 mini-css-extract-plugin@1.3.9 html-
webpack-plugin@5.1.0
```

我們使用 html-webpack-plugin 外掛程式來生成 HTML 檔案，範本檔案 template.html 的內容如下。

```
<!DOCTYPE html>
<html lang="en">
<head>
</head>
<body>
  <div class="hello">Hello, Loader</div>
</body>
</html>
```

Webpack 設定檔的內容如下。

```
var path = require('path');
var MiniCssExtractPlugin = require('mini-css-extract-plugin');
var HtmlWebpackPlugin = require('html-webpack-plugin');
var CssMinimizerPlugin = require('css-minimizer-webpack-plugin')

module.exports = {
```

```
entry: './a.js',  // a.js 裡引入了 CSS 檔案
output: {
  path: path.resolve(__dirname, ''),
  filename: 'bundle.js'
},
module: {
  rules: [{
    test: /\.css$/,
    use: [
      MiniCssExtractPlugin.loader,
      'css-loader'
    ],
  }],
},
optimization: {
  minimize: true,
  minimizer: [new CssMinimizerPlugin()],
},
plugins:[
  new HtmlWebpackPlugin({
    template: 'template.html'
  }),
  new MiniCssExtractPlugin({
    filename: '[name]-[contenthash:8].css',
    chunkFilename: '[id].css',
  }),
],
mode: 'none'
};
```

入口檔案是 a.js，a.js 檔案裡引入了樣式檔案 b.css。

a.js 檔案的內容如下。

```
import './b.css'
```

b.css 檔案的內容如下。

```
.hello {
  margin: 30px;
  color: blue;
}
```

我 們 將 CSS 壓 縮 器 new CssMinimizerPlugin() 設 定 在 optimization.
minimizer 參數裡，在使用該壓縮器前需要先安裝它。

```
npm i -D css-minimizer-webpack-plugin@2.0.0
```

現在執行 npx webpack 命令進行打包，觀察打包結果，可以發現生成的
CSS 檔案裡的程式被壓縮成一行，如圖 7-5 所示。

圖 7-5 CSS 檔案裡的程式被壓縮成一行

觀察 bundle.js 檔案，我們發現 JS 程式並沒有被壓縮，這是因為我們沒
有設定 JS 壓縮器，我們在 plugins 設定使用 terser-webpack-plugin 外
掛程式即可，書附程式範例是 webpack7-7。

```
//...
var TerserPlugin = require("terser-webpack-plugin");

module.exports = {
  //...
  optimization: {
    minimize: true,
    minimizer: [new CssMinimizerPlugin()],
  },
  plugins:[
    new TerserPlugin(),
    //...
  ],
  mode: 'none'
};
```

執行 npx webpack 命令打包，現在就完成了對 JS 檔案與 CSS 檔案的壓縮。

terser-webpack-plugin 與 css-minimizer-webpack-plugin 外掛程式還支持非常多的個性化參數，例如設定使用 CPU 的執行緒數及過濾需要壓縮的檔案，讀者可以查閱其檔案（見連結 13、連結 14）進行對應的個性化設定。

7.4 縮小尋找範圍

最佳化 Webpack 打包時間的很直接的措施就是減少不需要 Webpack 處理的模組，舉例來說，有些 JS 函數庫的程式本身已經是壓縮的了，在使用壓縮外掛程式時就需要把這些函數庫排除掉，以避免二次壓縮造成的時間浪費，我們把這個措施稱作縮小尋找範圍或縮小打包作用域。

在使用前置處理器與外掛程式時，縮小尋找範圍尤為重要，本節會講解一些常見的縮小尋找範圍的方法。

7.4.1 設定前置處理器的 exclude 與 include

在使用前置處理器解析模組時，有兩個設定項目可以額外設定：exclude 與 include。exclude 可以排除不需要該前置處理器解析的檔案目錄，include 可以設定該前置處理器只對哪些目錄生效，這樣可以減少不需要被前置處理器處理的檔案模組，從而提升建構速度。

舉例來説，在使用 babel-loader 時，因打包的 node_modules 目錄下的模組通常都已被編譯為 ES5 版本的模組，不需要再使用 babel-loader 進行轉碼，故我們可以設定 exclude 將 node_modules 目錄排除在 babel-loader 的處理範圍外。

```
module.exports = {
  //...
  module: {
  rules: [
    {
      test: /\.js$/,
      exclude: /node_modules/,
      use: {
        loader: 'babel-loader',
      }
    }
  ]
  },
};
```

有時我們需要對某個前置處理器同時設定 exclude 與 include，當 exclude 與 include 同時生效時，exclude 的優先順序更高。

7.4.2　module.noParse

在我們進行前端開發時，有些模組不需要被任何前置處理器解析，例如 jQuery 與 Lodash 這一類的工具庫。透過設定 module.noParse 可以告訴 Webpack 這些模組不需要被解析處理，保留這些模組原始的樣子即可。被忽略的模組中不應有 import 和 require 等任何模組匯入語法，即這些被忽略的模組不能依賴於其他模組。需要注意的是，雖然 module.noParse 指定的模組不會被解析，但被使用的模組仍然會被打包到 bundle.js 裡。

module.noParse 的設定值可以是字串、正規標記法和陣列等。

```
module.exports = {
  //...
  module: {
    noParse: /jquery|lodash/,
  },
};
```

7.4.3　resolve.modules

resolve.modules 用於設定 Webpack 如何搜尋第三方模組的路徑，該路徑支援絕對路徑和相對路徑。其預設值是 ['node_modules']，這是一個相對路徑，在預設情況下，當我們在程式裡使用以下語法時，

```
import Vue from 'vue'
```

Webpack 首先會在目前的目錄 ./node_modules 下搜尋 vue 模組，如果沒找到，則會到上級目錄 ../node_modules 下搜尋 vue 模組，如果還沒有找到，則會再去 ../../node_modules 下搜尋，依此類推，直到找到為止。這種相對路徑的設定和 Node.js 尋找模組的方式類似。

通常我們的第三方模組都保存在專案根目錄 node_modules 下，因此無須一級一級向上搜尋模組。我們可以透過設定絕對路徑來指定 Webpack 要搜尋的目錄，這樣在寫錯路徑或模組不存在時，可以更快速地提示我們尋找模組出錯，從而提高開發效率。如在下方的設定裡，指明了在專案根目錄 node_modules 下搜尋第三方模組。

```
module.exports = {
  //...
  resolve: {
    modules: [path.resolve(__dirname, 'node_modules')],
  },
};
```

7.4.4 resolve.extensions

resolve.extensions 用於 Webpack 匹配檔案副檔名。在我們引入其他模組時，有時候沒有寫入檔案副檔名。

```
import { name } from './b';
```

更準確的寫法應該如下。

```
import { name } from './b.js';
```

那麼 Webpack 是如何辨識 './b' 就是 './b.js' 的呢？

resolve.extensions 是 Webpack 辨識不帶副檔名檔案的關鍵，Webpack 會嘗試使用 resolve.extensions 指定的副檔名來解析檔案。resolve.extensions 的值是一個陣列，Webpack 會按陣列元素從頭到尾的順序嘗試解析，如果匹配到檔案，則會使用該檔案並跳過剩下副檔名的匹配。在 Webpack 5 中，其預設值如下。

```
['.js', '.json', '.wasm']
```

因此在解析 import { name } from './b' 時，會首先尋找 './b.js' 檔案，如果找到就使用 './b.js' 檔案，並結束對 './b' 的尋找；如果沒有找到 './b.js'，則會嘗試尋找 './b.json' 檔案，依此類推。

從上面的搜尋過程可以看出，如果 resolve.extensions 陣列項數量越多並且靠前的副檔名沒匹配到，那麼 Webpack 嘗試搜尋的次數就越多，這會影響 Webpack 的解析速度，因此需要合理設定 resolve.extensions。合理設定 resolve.extensions 有以下兩個關鍵點。

❶ 出現頻率高的副檔名放在陣列前面，以便儘快結束匹配過程，通常會把 '.js' 放在第一項。

❷ 縮短陣列長度，用不到的副檔名不要放到陣列裡。

另外，在我們寫程式的過程中，模組匯入敘述中應儘量帶上副檔名，這樣可以避免匹配過程。

7.5 程式分割 optimization.splitChunks

7.5.1 程式分割

程式分割是 Webpack 最佳化中非常重要的一部分，Webpack 裡主要有三種方法進行程式分割。

❶ 入口 entry：設定 entry 入口檔案，從而手動分割程式。

❷ 動態載入：透過 import 等方法進行隨選載入。

❸ 取出公共程式：使用 splitChunks 等技術取出公共程式。

本節會重點講解使用 splitChunks 取出公共程式的方法。我們先回顧一下使用前兩種方法「入口 entry」和「動態載入」進行程式分割，這部分知識在之前章節中有過講解，我們以一個例子來示範，書附程式範例是 webpack7-8。

新建 webpack7-8 目錄，目錄下主要有 webpack.config.js、a.js、b.js、index.html 和 package.json 這五個檔案。

webpack.config.js 檔案的內容如下。

```
var path = require('path');

module.exports = {
  entry: './a.js',
  output: {
    path: path.resolve(__dirname, ''),
    filename: 'bundle.js',
  },
  mode: 'none'
};
```

a.js 檔案的內容如下。

```
import('./b.js');
```

b.js 檔案的內容如下。

```
var year = 2022;
console.log(year);
```

index.html 檔案的內容如下。

```
<!DOCTYPE html>
<html lang="en">
<head>
  <script src="bundle.js"></script>
</head>
<body>
  <h1>程式分割</h1>
</body>
</html>
```

安裝 Webpack 和 webpack-cli 後，執行 npx webpack 命令完成打包。此時生成了 bundle.js 和 1.bundle.js 這兩個檔案，其中 bundle.js 在存取 index.html 時作為初始入口檔案進行載入，在執行 bundle.js 時會動態載入檔案 1.bundle.js。實現這個過程的關鍵是將 Webpack 設定項目入口 entry 設定為 './a.js'，以及在 a.js 程式裡使用 import('./b.js') 動態載入 b.js 檔案。

對我們開發的前端專案來説，有很多函數庫不會經常變動，因此完全可以把它們提取出來放在一個入口裡，這樣這些不經常變動的函數庫會單獨生成一個打包後的 JS 檔案，這有利於使用瀏覽器快取。對於簡單的專案，我們可以這樣做，但對於複雜的專案，這樣手動維護會給開發者帶來額外的負擔，這個時候就需要借助 splitChunks 技術了。

7.5.2 splitChunks

程式分割非常重要的一項技術是 splitChunks，splitChunks 指的是 Webpack 外掛程式 SplitChunksPlugin，在 Webpack 的設定項目 optimization.splitChunks 裡直接設定即可，無須單獨安裝。splitChunks 是 Webpack 最佳化裡非常重要的一部分，也是難以掌握的一部分。一

方面它涉及需要設定的參數非常多，另一方面需要對 Web 性能最佳化
比較熟悉。

在 Webpack 4 之 前，Webpack 是 透 過 CommonsChunkPlugin 外 掛
程式來取出公共程式的，Webpack 4 之後使用的是 SplitChunksPlugin
外掛程式，在 Webpack 5 中又對其進行了最佳化，接下來將詳細說明
SplitChunksPlugin 外掛程式在 Webpack 5 中的使用。

splitChunks 的設定參數非常多，下方的設定是該外掛程式參數的預設
值。

```javascript
module.exports = {
  //...
  optimization: {
    splitChunks: {
      chunks: 'async',
      minSize: 20000,
      minRemainingSize: 0,
      minChunks: 1,
      maxAsyncRequests: 30,
      maxInitialRequests: 30,
      enforceSizeThreshold: 50000,
      cacheGroups: {
        defaultVendors: {
          test: /[\\/]node_modules[\\/]/,
          priority: -10,
          reuseExistingChunk: true,
        },
        default: {
          minChunks: 2,
          priority: -20,
          reuseExistingChunk: true,
        },
      },
    },
```

```
  },
};
```

splitChunks 的宗旨是透過一定的規則實現模組的自動提取，下面講解幾個比較重要的參數。

❶ chunks：表示從什麼類型的 chunks 裡面提取程式，有三個字串值 initial、async、all 可以使用，另外也可以使用函數來匹配要提取的 chunks。其預設值是 async，表示只從動態載入的 chunks 裡提取程式。initial 表示只從入口 chunks 裡提取程式，all 表示同時從非同步 chunks 和入口 chunks 裡提取程式。

❷ minSize：表示提取出來的 chunk 的最小體積，其在 Webpack 5 中的預設值是 20,000，表示 20 KB，只有達到這個值時才會被提取。

❸ maxSize：表示提取出來的 chunk 的最大體積，其預設值是 0，表示不限制最大體積。它是一個可以違反的值，在被違反時起提示作用。

❹ minChunks：預設值是 1，表示拆分前至少被多少個 chunks 引用的模組才會被提取。

❺ maxAsyncRequests：隨選（非同步）載入時的最大平行請求數，其在 Webpack 5 中的預設值是 30，在 Webpack 4 中的預設值是 5。

❻ maxInitialRequests：進入點的最大平行請求數，其在 Webpack 5 中的預設值是 30，在 Webpack 4 中的預設值是 3。

❼ cacheGroups：快取群組。

需要注意的是，上方的預設設定是外掛程式自身的，當 Webpack 設定項目 mode 設定值為 development、production 與 none 這三種模式時也會有不同的值。

splitChunks 在提取模組時會綜合考慮上述設定項目的參數值，有時會遇到一些有衝突的地方。舉例來說，設定 maxSize 的值是 50,000，那麼當一個檔案的大小超過了 50 KB 的時候，就會嘗試二次拆分提取模組，如果檔案不能二次拆分，就會忽略這個參數。如果二次拆分出來的檔案體積小於 minSize 值，就也會忽略 maxSize 這個參數而終止二次拆分。

提取模組遇到有衝突的地方時，會有優先順序的考慮，優先順序從高到低依次是 minSize、maxSize 和 maxInitialRequest/maxAsyncRequest。

快取群組 cacheGroups 是一個非常重要的參數，快取群組可以繼承或覆蓋來自 splitChunks.* 的任何設定，但它特有的 test、priority 和 reuseExistingChunk 只能在快取群組裡進行設定。另外，我們可以將 cacheGroups.default 設定為 false，以禁用任何預設快取群組。

```
module.exports = {
  //...
  optimization: {
    splitChunks: {
      cacheGroups: {
        default: false,
      },
    },
  },
};
```

下面講解快取群組中幾個比較重要的參數。

❶ priority：快取群組優先順序。一個模組可以有多個快取群組，其 priority 越高越會優先考慮。預設群組 priority 的預設值是負數，自訂群組 priority 的預設值是 0。

❷ reuseExistingChunk：是否重用 chunk。若當前 chunk 中包含從主 bundle 中拆分出的模組，則它將被重用，而非生成新的模組，其預設值是 true。

❸ test：匹配模組資源路徑或 chunk 名稱，其值可以是布林值、正規標記法或字串，若其值預設則會選擇所有模組。

快取群組預設有以下兩個。

```
cacheGroups: {
  defaultVendors: {
    test: /[\\/]node_modules[\\/]/,
    priority: -10,
    reuseExistingChunk: true,
  },
  default: {
    minChunks: 2,
    priority: -20,
    reuseExistingChunk: true,
  },
}
```

defaultVendors 可 以 取 出 node_modules 目 錄 下 被 使 用 到 的 模組，default 可以在全目錄下取出引用超過一次的模組。快取群組 defaultVendors 的優先順序是 -10，而快取群組 default 的優先順序是 -20，當 node_modules 下的模組被多次引用時，模組會被取出到快取群組 defaultVendors 中。

7.5.3 splitChunks 範例講解

▌ 1. 範例 1

在下面的例子裡，我們使用工具庫 Lodash 的 _.random(0, 5) 隨機返回 0 和 5 之間的整數，書附程式範例是 webpack7-9。

```
npm i --save lodash@4.17.21
```

webpack.config.js 檔案的內容如下。

```
var path = require('path');
var HtmlWebpackPlugin = require('html-webpack-plugin');

module.exports = {
  entry: './a.js',
  output: {
    path: path.resolve(__dirname, ''),
    filename: 'bundle-[contenthash:8].js',
  },
  mode: 'none',
  plugins:[
    new HtmlWebpackPlugin({
      title: 'Webpack 與 Babel 入門教學 ',
    }),
  ]
};
```

a.js 檔案的內容如下。

```
import _ from 'lodash'
import { name } from './b.js';
var num = _.random(0, 5);
console.log(name);
console.log(num);
```

b.js 檔案的內容如下。

```
export var name = 'Jack';
```

安裝對應的 npm 套件後執行 npx webpack 命令，會發現打包生成了一個資源檔 bundle-5713e9fb.js。因為 Webpack 檔案裡 mode 使用的模式是 none，並且預設只對隨選載入的資源進行提取，所以並沒有將同步載入的 node_modules 下的 Lodash 作為快取群組資源檔單獨提取。另外，我們自訂的 a.js 和 b.js 等檔案體積都很小，達不到 minSize 的最小體積要求，所以也不會單獨提取。

2. 範例 2

現在我們修改 chunks 參數為 all，書附程式範例是 webpack7-10。

webpack.config.js 檔案的內容如下。

```
var path = require('path');
var HtmlWebpackPlugin = require('html-webpack-plugin');

module.exports = {
  entry: './a.js',
  output: {
    path: path.resolve(__dirname, ''),
    filename: 'bundle-[contenthash:8].js',
  },
  mode: 'none',
  optimization: {
    splitChunks: {
      chunks: 'all'
    },
  },
  plugins:[
    new HtmlWebpackPlugin({
```

```
    title: 'Webpack 與 Babel 入門教學 ',
  }),
  ]
};
```

執行 **npx webpack** 命令，打包生成了兩個資源檔，一個是入口檔案生成
的檔案，另一個是快取群組提取的檔案，如圖 **7-6** 所示。

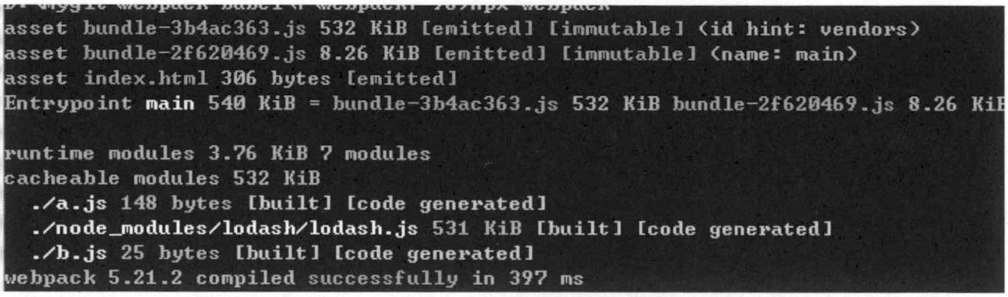

圖 7-6　生成了兩個資源檔

3. 範例 3

現在我們修改 b.js 檔案，在它內部也引用 Lodash，並且 a.js 檔案裡透
過隨選載入的方式引入了 b.js 檔案，書附程式範例是 **webpack7-11**。
按照我們目前學到的知識推測，打包會生成三個資源檔，分別是入口檔
案、隨選載入的檔案和快取群組生成的檔案。

b.js 檔案的內容如下。

```
export var name = 'Jack';
import _ from 'lodash'
var numB = _.random(10, 15);
console.log(numB);
```

a.js 檔案的內容如下。

```
import('./b.js');
import _ from 'lodash';
var num = _.random(0, 5);
console.log(num);
```

執行 **npx webpack** 命令打包後進行觀察，如圖 **7-7** 所示。

```
D:\mygit\webpack-babel\7\webpack7-11>npx webpack
asset bundle-3b4ac363.js 532 KiB [emitted] [immutable] (id hint: vendors)
asset bundle-3d139e7b.js 13.9 KiB [emitted] [immutable] (name: main)
asset 2.bundle-0b74c30a.js 747 bytes [emitted] [immutable]
asset index.html 306 bytes [emitted] [compared for emit]
Entrypoint main 545 KiB = bundle-3b4ac363.js 532 KiB bundle-3d139e7b.js 13.9 KiB

runtime modules 8.18 KiB 11 modules
cacheable modules 532 KiB
  ./a.js 94 bytes [built] [code generated]
  ./node_modules/lodash/lodash.js 531 KiB [built] [code generated]
  ./b.js 101 bytes [built] [code generated]
webpack 5.21.2 compiled successfully in 538 ms
```

圖 7-7　打包後觀察

觀察打包資訊時發現，與我們推測的一樣，生成了三個資源檔。需要注意的是，因為快取群組 defaultVendors 的優先順序更高，所以即使 Lodash 被多次引用，模組也不會被提取到快取群組 default 裡，而是被提取到 defaultVendors 裡。

▌ 4. 範例 4

我們再看一個新專案，用來觀察更多的提取設定，觀察被引用兩次的非 node_modules 下的模組提取，書附程式範例是 webpack7-12。

webpack.config.js 檔案的內容如下。

```
var path = require('path');
var HtmlWebpackPlugin = require('html-webpack-plugin');

module.exports = {
```

```
entry: {
  app1: './a.js',
  app2: './c.js',
},
output: {
  path: path.resolve(__dirname, ''),
  filename: 'bundle-[contenthash:8].js',
},
mode: 'development',
optimization: {
  splitChunks: {
    chunks: 'all',
    minSize: 0,
    maxSize: 2000,
  },
},
plugins:[
  new HtmlWebpackPlugin({
    title: 'Webpack 與 Babel 入門教學',
  }),
]
};
```

a.js 檔案的內容如下。

```
import { name } from './b.js';
import { year } from './d.js';
console.log(name);
console.log(year);
```

b.js 檔案的內容如下。

```
import { year } from './d.js';
export var name = 'Jack';
console.log(numB);
console.log(year);
```

c.js 檔案的內容如下。

```
import { year } from './d.js';
console.log(year);
```

d.js 檔案的內容如下。

```
export var year = '2077';
```

因為 d.js 檔案很小，為了達到最小提取體積的要求，我們設定 minSize 值為 0。

執行 npx webpack 命令後觀察打包結果，如圖 7-8 所示，可以看到生成了三個 JS 打包檔案，兩個是入口檔案，一個是從預設快取群組 default 中提取的檔案。因為 d.js 檔案被兩個 chunks 引用，所以它被作為快取群組單獨提取了出來。

```
asset bundle-40571335.js 7.93 KiB [emitted] [immutable] (name: app1)
asset bundle-120ac35d.js 7.13 KiB [emitted] [immutable] (name: app2)
asset bundle-188d98ff.js 1.09 KiB [emitted] [immutable]
asset index.html 354 bytes [emitted] [compared for emit]
Entrypoint app1 9.02 KiB = bundle-188d98ff.js 1.09 KiB bundle-40571335.js 7.93 K
iB
Entrypoint app2 8.22 KiB = bundle-188d98ff.js 1.09 KiB bundle-120ac35d.js 7.13 K
iB
runtime modules 6.35 KiB 8 modules
cacheable modules 284 bytes
  ./a.js 108 bytes [built] [code generated]
  ./c.js 52 bytes [built] [code generated]
  ./b.js 99 bytes [built] [code generated]
  ./d.js 25 bytes [built] [code generated]
webpack 5.21.2 compiled successfully in 170 ms
```

圖 7-8 觀察打包結果

7.6 搖樹最佳化 Tree Shaking

搖樹最佳化 Tree Shaking 是 Webpack 裡非常重要的最佳化措施,它的最佳化效果在 Webpack 5 中又獲得了進一步的提升。

Tree Shaking 可以幫我們檢測模組中沒有用到的程式區塊,並在 Webpack 打包時將沒有使用到的程式區塊移除,減小打包後的資源體積。它的名字也非常形象,透過搖晃樹把樹上乾枯無用的葉子搖掉。

7.6.1 使用 Tree Shaking 的原因

我們來看一個例子,書附程式範例是 webpack7-13。

b.js 檔案的內容如下。

```
var name = 'Jack';
var year = 2022;
export {name, year};
```

a.js 檔案的內容如下。

```
import {name} from './b.js';
console.log(name);
```

webpack.config.js 檔案的內容如下。

```
var path = require('path');

module.exports = {
  entry: './a.js',
  output: {
    path: path.resolve(__dirname, ''),
```

```
    filename: 'bundle.js'
  },
  mode: 'none'
};
```

執行 npx webpack 命令進行打包,打包完成後我們觀察生成的 bundle.
js 檔案,如圖 7-9 所示。我們發現變數 year 的值 2022 被打包到了最終
程式裡,但其實我們的程式 a.js 和 b.js 裡並沒有真正使用到該變數。這
個時候就需要使用 Tree Shaking 來移除這部分程式。

```
1   /******/ (() => { // webpackBootstrap
2   /******/     "use strict";
3   /******/     var __webpack_modules__ = ([
4   /* 0 */,
5   /* 1 */
6   /***/ ((__unused_webpack_module, __webpack_exports__, __webpack_require__) => {
7
8   __webpack_require__.r(__webpack_exports__);
9   /* harmony export */ __webpack_require__.d(__webpack_exports__, {
10  /* harmony export */     "name": () => (/* binding */ name),
11  /* harmony export */     "year": () => (/* binding */ year)
12  /* harmony export */ });
13  var name = 'Jack';
14  var year = 2022;
```

圖 7-9　生成的 bundle.js 檔案

7.6.2　使用 Tree Shaking

使用 Tree Shaking 一共分兩個步驟。

❶　標注未使用的程式。

❷　對未使用的程式進行刪除。

我們修改設定檔 webpack.config.js,書附程式範例是 webpack7-14。

webpack.config.js 檔案的內容如下。

```javascript
var path = require('path');

module.exports = {
  entry: './a.js',
  output: {
    path: path.resolve(__dirname, ''),
    filename: 'bundle.js'
  },
  optimization: {
    usedExports: true,
  },
  mode: 'none'
};
```

重新執行 npx webpack 命令進行打包並觀察打包生成的資源，可以看到對未使用到的變數 year 進行了標注，即在第 11 行中有註釋 "unused harmony export year"，如圖 7-10 所示。

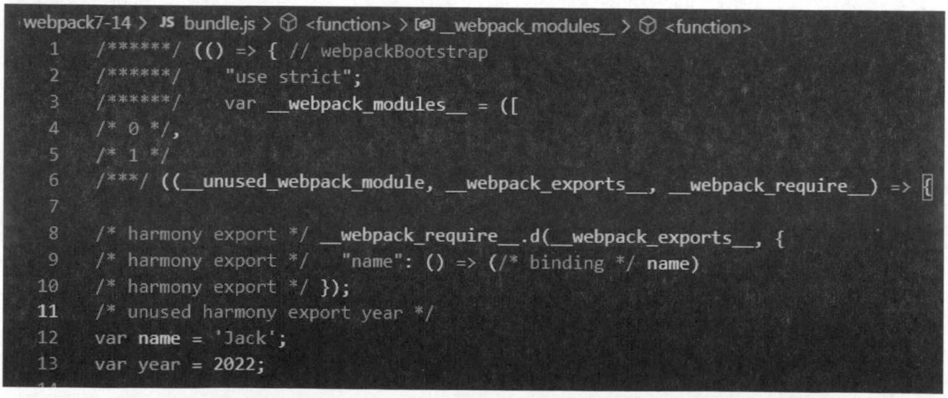

圖 7-10 對未使用到的變數進行標注

進行標注後，若需要對未使用的程式進行刪除，使用 Webpack 5 附帶的 TerserPlugin 即可完成該操作。

接下來，我們使用 TerserPlugin 來刪除未使用的程式，書附程式範例是
webpack7-15。

webpack.config.js 檔案的內容如下。

```
var path = require('path');
var TerserPlugin = require("terser-webpack-plugin");

module.exports = {
  entry: './a.js',
  output: {
    path: path.resolve(__dirname, ''),
    filename: 'bundle.js'
  },
  optimization: {
    usedExports: true,
    minimize: true,
    minimizer: [new TerserPlugin()],
  },
  mode: 'none'
};
```

執行 npx webpack 命令進行打包並觀察打包結果發現，bundle.js 檔案
裡的程式被壓縮成一行，我們分別搜尋程式裡的 year 和 2022，已經無
法找到，説明它們在被 Tree Shaking 標注後被刪除了。

7.6.3 生產環境的最佳化設定

通常我們在本地開發環境下不會使用 Tree Shaking，因為它會降低
建構速度並且沒有太大意義。我們需要在生產環境打包時開啟 Tree
Shaking，生產環境下我們只需要設定參數 mode 為 production，即可
自動開啟 Tree Shaking。

開啟了 Tree Shaking 後，Webpack 會在打包時刪除大部分沒有使用到的程式，但有一些程式沒有被其他模組匯入使用，如 polyfill.js，它主要用來擴充全域變數，這類程式是有副作用的程式，我們需要告訴 Webpack 在 Tree Shaking 時不能刪除它們。

要告訴 Webpack 在 Tree Shaking 時不能刪除某些檔案，可以在 package.json 檔案裡使用 sideEffects 設定，範例程式如下。

```
{
    "sideEffects": [
        "./polyfill.js"
    ]
}
```

7.6.4 Webpack 5 中對 Tree Shaking 的改進

在 Webpack 4 及之前的版本中，Tree Shaking 對巢狀結構的匯出模組未使用程式無法極佳地進行 Tree Shaking，往往需要借助 webpack-deep-scope-plugin 這一類的外掛程式進行深層次的 Tree Shaking。Webpack 5 對此做出了改進，能夠對巢狀結構屬性進行 Tree Shaking。

我們先觀察一個使用 Webpack 4 打包的例子，書附程式範例是 webpack7-16。

a.js 檔案的內容如下。

```
import * as person from './b.js';
export {person};
```

b.js 檔案的內容如下。

```
var name = 'Jack';
var year = 2022;
export {name, year};
```

index.js 檔案的內容如下。

```
import * as moduleA from './a.js';
console.log(moduleA.person.name);
```

webpack.config.js 檔案的內容如下。

```
var path = require('path');

module.exports = {
  entry: './index.js',
  output: {
    path: path.resolve(__dirname, ''),
    filename: 'bundle.js'
  },
  mode: 'production'
};
```

我們使用 Webpack 4 進行打包，安裝 Webpack 4 的命令如下。

```
npm install --save-dev webpack@4.43.0  webpack-cli@3.3.12
```

現在執行 npx webpack 命令打包，因為 b.js 檔案裡的變數 year 最終沒有使用到，按道理打包後透過 Tree Shaking 該變數會被刪除，但我們觀察打包後的資源檔 bundle.js，如圖 7-11 所示，發現 Webpack 4 打包後的程式裡仍然有 year 和 2022，這就是 Webpack 4 裡 Tree Shaking 不足的地方。

```
JS bundle.js > ...
 1    ),"year",(function(){return u}));var o="Jack",u=2022;console.log(n.na
 2
```

圖 7-11 Webpack 4 打包後的檔案

現在換成用 Webpack 5 打包,書附程式範例是 webpack7-17。

打包後生成的 bundle.js 程式如圖 7-12 所示,我們發現未使用的 year 和 2022 順利被刪除了,另外也可以看到 Webpack 5 打包後的檔案非常簡潔。

```
JS bundle.js
 1    (()=>{"use strict";console.log("Jack")})();
```

圖 7-12 Webpack 5 打包後的檔案

7.7 使用快取

7.7.1 Webpack 中的快取

在使用 Webpack 開發前端專案時,涉及的快取主要有兩類:一類是存取 Web 頁面時的瀏覽器快取,我們稱其為長期快取;另一類是 Webpack 建構過程中的快取,我們稱其為持久化快取或編譯快取。長期快取是為了提升使用者體驗而設計的,相關知識在第 2 章中進行過講解,另外 Webpack 5 自身也對其進行了最佳化。持久化快取的出現是為了提升 Webpack 建構速度進而提升開發者的開發體驗,本節主要講解持久化快取。

在 Webpack 5 之前的版本裡，Webpack 自身沒有提供持久化快取，我們在開發時經常需要使用 cache-loader 或 dll 動態連結技術來做快取方面的處理，這無疑提高了我們的學習成本和 Webpack 設定的複雜度。Webpack 5 提供了持久化快取，它透過使用檔案系統快取，極大地減少了再次編譯的時間。

如表 7-1 所示是同一專案在開啟檔案系統快取前後打包時間的比較，比較的書附程式範例分別是 webpack7-18 與 webpack7-19，在安裝 npm 套件後多次執行 npx webpack 命令進行打包，並記錄打包完成所消耗的時間。讀者自己在記錄打包時間消耗時應記錄如圖 7-13 所示白色箭頭指示的數字。

表 7-1　生產環境快取比較

檔案系統快取	第 1 次	第 2 次	第 3 次	第 4 次
未開啟	296 ms	266 ms	265 ms	281 ms
已開啟	297 ms	140 ms	156 ms	140 ms

```
assets by status 7.38 KiB [cached] 3 assets
asset index.html 350 bytes [compared for emit]
Entrypoint app1 7.07 KiB = app1-e0fce153.css 3.78 KiB a0449739-app1.js 3.29 KiB
Entrypoint app2 321 bytes = 50df8a17-app2.js
runtime modules 670 bytes 3 modules
cacheable modules 411 bytes
  ./a.js 69 bytes [built] [code generated]
  ./d.js 267 bytes [built] [code generated]
  ./b.js 25 bytes [built] [code generated]
  ./c.css 50 bytes [built] [code generated]
css ./node_modules/css-loader/dist/cjs.js!./c.css 3.78 KiB [code generated]
webpack 5.21.2 compiled successfully in 281 ms  ⟵
```

圖 7-13　記錄打包時間消耗

可以看到，在使用了檔案系統快取後，再次建構的時間消耗明顯減少，在大型前端專案中效果尤為明顯。

7.7.2 檔案系統快取的使用

在 Webpack 5 中，使用檔案系統快取是非常容易的，我們只需要在 Webpack 的設定檔中增加以下設定即可。

```
module.exports = {
  //...
  cache: {
    type: 'filesystem',
  },
};
```

cache 用於對 Webpack 進行快取設定，當把 cache.type 設定為 filesystem 時就開啟了檔案系統快取。也可以將 cache.type 設定為 memory，表示會將打包生成的資源存放於記憶體中。

cache 的值除物件類型外還支援布林值。在開發模式下，cache 的預設值是 true，這與將 cache.type 設定為 memory 的效果是一致的。在生產模式下，cache 的預設值是 false，會禁用快取。

上面的比較範例比較了生產環境下的快取消耗時間，那麼在透過 webpack-dev-server 開啟一個開發服務的環境後，檔案系統快取是否也會減少打包時間呢？

我們再做一組比較，書附程式範例分別是 webpack7-20 與 webpack 7-21。

我們在只修改 b.js 檔案裡變數 name 的值並儲存的這種情況下做比較，比較資料如表 7-2 所示。

b.js 檔案的內容如下。

```
export var name = 'Jack5';
```

表 7-2 開發環境快取比較

檔案系統快取	第 1 次	第 2 次	第 3 次	第 4 次
未開啟	693 ms	189 ms	165 ms	152 ms
已開啟	796 ms	28 ms	29 ms	28 ms

可以看到差距非常明顯，檔案系統快取的使用極大地減少了再次編譯所消耗的時間。使用 Webpack 5 打包前端專案時，合理使用檔案系統快取會提升前端開發速度。

7.8 本章小結

在本章中，我們講解了 Webpack 性能最佳化的知識。

首先介紹了兩個性能監控工具，分別是用來監控打包體積大小的 webpack-bundle-analyzer 外掛程式和監控打包時間的 speed-measure-webpack-plugin 外掛程式，它們會給我們的最佳化效果提供數位化指標。

接下來，透過介紹資源壓縮、縮小尋找範圍、程式分割、搖樹最佳化和使用快取等最佳化技術，可以掌握 Webpack 5 中最常用的最佳化方法，提升前端開發的速度和品質。

- 7.8 本章小結

Webpack 原理與拓展

本章主要講解 Webpack 的原理與擴充，目的是掌握 Webpack 的建構原埋，以及前置處理器和外掛程式的開發。

本章首先會對 Webpack 打包檔案進行分析並講解 Webpack 的根基 tapable。然後會對 Webpack 打包流程與原始程式進行初探。最後會透過案例講解 Webpack 前置處理器和外掛程式的開發。

8.1 Webpack 建構原理

本節介紹 Webpack 建構原理，主要包含三部分內容：

❶ Webpack 打包檔案分析。

❷ Webpack 的根基 tapable。

❸ Webpack 打包流程與原始程式初探。

在 8.1.1 節，我們會對一個依賴於其他模組的檔案進行打包後的資源分析。該檔案程式共 82 行，程式量較少，適合初學者研究。透過對該檔案進行分析，可幫助讀者釐清 Webpack 建構的基本思想。

在分析了打包檔案後，我們將探究 Webpack 是如何自動完成這一系列的建構過程的。在探究 Webpack 的建構過程之前，我們需要先了解 Webpack 的根基 tapable，Webpack 的建構是基於 tapable 完成的。

在本節最後，我們會對整個 Webpack 的建構過程介紹，並對 Webpack 5 的原始程式進行初步分析。

8.1.1 Webpack 打包檔案分析

本節要打包的程式目錄及 Webpack 設定檔如圖 8-1 所示，書附程式範例是 webpack8-1。

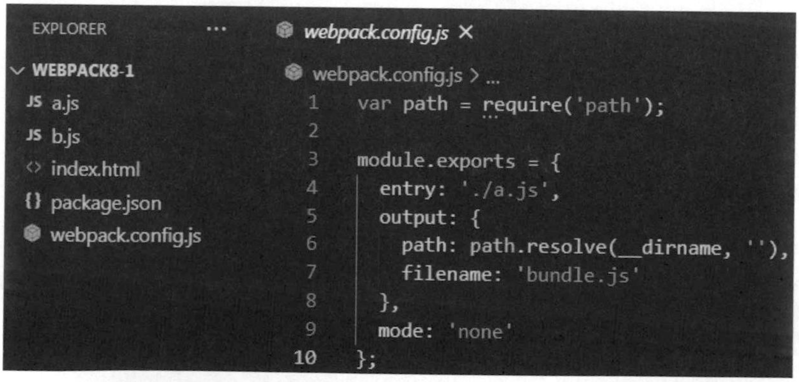

圖 8-1 程式目錄及設定檔

可以看到打包入口檔案是 a.js，其內容如下。

```
import { year } from './b.js';
console.log(year);
```

a.js 檔案引入了 b.js 檔案對外輸出的 year 後進行了列印，b.js 檔案內容
如下。

```
export var year = 2022;
```

整體需要打包的就是上述的兩個檔案，接下來安裝 Webpack 與
webpack-cli 後執行 npx webpack 命令進行打包。

```
npm install --save-dev webpack@5.21.2  webpack-cli@4.5.0
```

下面是打包生成的 bundle.js 檔案程式，為了方便閱讀，對行號進行了
註釋。若行數是 5 的倍數，在註釋裡包裹了行號。

```
/*1*****/ (() => { // webpackBootstrap
/*****/   "use strict";
/*****/   var __webpack_modules__ = ([
/* 0 */
/*5*/((__unused_webpack_module, __webpack_exports__, __webpack_require__)
=> {

__webpack_require__.r(__webpack_exports__);
/* harmony import */ var _b_js__WEBPACK_IMPORTED_MODULE_0__ = __
webpack_require__(1);

/*10*/console.log(_b_js__WEBPACK_IMPORTED_MODULE_0__.year);

/***/ }),
/* 1 */
/***/ ((__unused_webpack_module, __webpack_exports__, __webpack_
require__) => {
/*15*/
__webpack_require__.r(__webpack_exports__);
/* harmony export */ __webpack_require__.d(__webpack_exports__, {
/* harmony export */   "year": () => (/* binding */ year)
/* harmony export */ });
```

```
/*20*/var year = 2022;

/***/ })
/******/  ]);
/******************************************************************/
/*25*/ // The module cache
/******/  var __webpack_module_cache__ = {};
/******/
/******/  // The require function
/******/  function __webpack_require__(moduleId) {
/*30*/  // Check if module is in cache
/******/    if(__webpack_module_cache__[moduleId]) {
/******/      return __webpack_module_cache__[moduleId].exports;
/******/    }
/******/    // Create a new module (and put it into the cache)
/*35*/    var module = __webpack_module_cache__[moduleId] = {
/******/      // no module.id needed
/******/      // no module.loaded needed
/******/      exports: {}
/******/    };
/*40*/
/******/    // Execute the module function
/******/    __webpack_modules__[moduleId](module, module.exports, __
webpack_require__);
/******/
/******/    // Return the exports of the module
/*45*/  return module.exports;
/******/  }
/******/
/******************************************************************/
/******/  /* webpack/runtime/define property getters */
/*50*/ (() => {
/******/    // define getter functions for harmony exports
/******/    __webpack_require__.d = (exports, definition) => {
/******/      for(var key in definition) {
/******/        if(__webpack_require__.o(definition, key) && !__
webpack_require__.o(exports, key)) {
```

```
/*55*/        Object.defineProperty(exports, key, { enumerable: true,
get: definition[key] });
/******/        }
/******/      }
/******/    };
/******/  })();
/*60*/
/******/  /* webpack/runtime/hasOwnProperty shorthand */
/******/  (() => {
/******/    __webpack_require__.o = (obj, prop) => (Object.prototype.
hasOwnProperty.call(obj, prop))
/******/  })();
/*65*/
/******/  /* webpack/runtime/make namespace object */
/******/  (() => {
/******/    // define __esModule on exports
/******/    __webpack_require__.r = (exports) => {
/*70*/      if(typeof Symbol !== 'undefined' && Symbol.toStringTag) {
/******/        Object.defineProperty(exports, Symbol.toStringTag, {
value: 'Module' });
/******/      }
/******/      Object.defineProperty(exports, '__esModule', { value:
true });
/******/    };
/*75*/  })();
/******/
/************************************************************/
/******/  // startup
/******/  // Load entry module
/*80*/  __webpack_require__(0);
/******/  // This entry module used 'exports' so it can't be inlined
/******/  })()
;
```

我們首先從整體上分析打包生成的程式，程式從第一行到最後一行是一個用小括號括起來的立即執行函數。

我們先學習立即執行函數的概念。下面是一個最簡單的立即執行函數，執行該程式時，該函數會立即執行函數本體裡的內容，彈出對話方塊提示「您好」。

```
(() => {
  alert(' 您好 ');
})()
```

使用立即執行函數的好處是可以防止變數干擾全域作用域。

接著分析打包後的程式，我們執行生成的 bundle.js 檔案程式時，最外層的立即執行函數會首先執行，然後會執行函數本體裡的程式。我們接下來看一下該函數本體裡面的內容。

❶ 第 3~23 行，宣告了一個變數 __webpack_modules__，它是一個陣列。

❷ 第 26~46 行，分別宣告了一個變數 __webpack_module_cache__ 和一個函數 __webpack_require__。

❸ 第 50~75 行，分別是三個立即執行函數。

❹ 第 80 行，呼叫 __webpack_require__(0)。

這裡有一個額外的基礎知識需要注意，物件的屬性值如果是立即執行函數，那麼該屬性值是會執行的，範例程式如下。

```
var obj = {
  name: (function () {
    console.log('demo');
    return 'Jack';
  })()
}
```

瀏覽器在讀完上述範例程式的時候，是會在主控台列印出 demo 的，並且 obj 的值是 {name: 'Jack'}。

我們再回到上面打包生成的 bundle.js 檔案程式，從第 3 行開始看程式，首先宣告了一個陣列變數 __webpack_modules__，該陣列裡有兩個陣列，第一項是第 5~12 行，第二項是第 14~22 行。這兩個陣列分別定義了一個匿名的箭頭函數，因為此時函數沒有被呼叫，所以不會執行，它會在後面被呼叫。

我們接著從第 26 行看程式，第 26 行宣告了一個變數 __webpack_module_cache__，它的值是一個空白物件 {}，該變數是用來進行快取的，後面會有講解。

第 29 行宣告了一個函數 __webpack_require__，該函數目前沒有被呼叫，所以不會執行。

第 50~75 行，分別是三個立即執行函數，這三個函數會依次執行。我們先看第一個函數。

```
/******/  /* webpack/runtime/define property getters */
/*50*/ (() => {
/******/    // define getter functions for harmony exports
/******/    __webpack_require__.d = (exports, definition) => {
/******/      for(var key in definition) {
/******/        if(__webpack_require__.o(definition, key) && !__
webpack_require__.o(exports, key)) {
/*55*/          Object.defineProperty(exports, key, { enumerable: true,
get: definition[key] });
/******/        }
/******/      }
/******/    };
/******/  })();
```

該函數給 __webpack_require__ 增加了一個屬性 d，__webpack_require__ 是我們在第 29 行宣告的變數，這個變數是一個函數。因為函數也是物件，所以這裡給函數 __webpack_require__ 新增了一個屬性 d。該屬性 d 的值是一個箭頭函數，該函數接收兩個參數，該函數裡使用到了 __webpack_require__.o 方法，我們先略過對該函數本體內程式的解讀。

我們接著看第 61~65 行的立即執行函數。

```
/******/  /* webpack/runtime/hasOwnProperty shorthand */
/******/  (() => {
/******/    __webpack_require__.o = (obj, prop) => (Object.prototype.
hasOwnProperty.call(obj, prop))
/******/  })();
```

該立即執行函數執行後，給 __webpack_require__ 新增了一個屬性 o，該屬性的值是一個函數，該函數的作用是判斷 prop 是否是物件 obj 的屬性，並且該屬性是 obj 自有的而非繼承來的屬性。

這樣我們就了解了上面 __webpack_require__.d 這個函數的含義。該函數透過一個 for...in 迴圈遍歷物件 definition 中的每一個屬性 key，如果該屬性 key 是 definition 自有的，並且物件 exports 沒有該屬性 key，我們就透過存取器函數 Object.defineProperty 把 key value pair 指定給（透過 get）物件 exports。現在我們還不知道這個 __webpack_require__.d 有何用途，我們接著看下面的程式。

第 66~75 行的內容如下。

```
/******/  /* webpack/runtime/make namespace object */
/******/  (() => {
```

```
/******/     // define __esModule on exports
/******/     __webpack_require__.r = (exports) => {
/*70*/     if(typeof Symbol !== 'undefined' && Symbol.toStringTag) {
/******/         Object.defineProperty(exports, Symbol.toStringTag, {
value: 'Module' });
/******/     }
/******/     Object.defineProperty(exports, '__esModule', { value: true
});
/******/     };
/*75*/ })();
```

該函數執行後，給函數 __webpack_require__ 新增了屬性 r，該屬性的值是一個函數，它透過 Object.defineProperty 給 exports 的 __esModule 和 Symbol.toStringTag 進行了設定值。

在最後的程式中，我們查看註釋大概可以想到其作用。

```
/******/  // startup
/******/  // Load entry module
/*80*/ __webpack_require__(0);
```

該程式造成了啟動作用，會載入入口模組。這裡透過呼叫 __webpack_require__ 函數，並傳參數 0 進行呼叫。

函數 __webpack_require__ 是在第 29 行宣告的，我們把參數 0 傳入並觀察其函數本體。

形式參數 moduleId 是用來表示模組 ID 的，函數本體首先進行了一個判斷，判斷物件 __webpack_module_cache__ 是否有該模組，如果有就直接返回該模組的 exports 屬性值，不再執行後續程式邏輯。因為我們是初次執行該函數，所以 __webpack_module_cache__ 沒有該模組，我們接著執行後續程式邏輯。

給 __webpack_module_cache__ 增加屬性 [moduleId]，這裡的 moduleId 值是 0，該屬性值是以下物件。

```
{exports: {}}
```

同時，把該屬性值指定給變數 module。

接下來的程式是 __webpack_modules__[moduleId](module, module. exports, __webpack_require__)，它是一個函數呼叫，呼叫了函數 __webpack_modules__[0]。__webpack_modules__ 是整段程式最開始的那個陣列，該陣列每一項都是一個函數，這裡呼叫了陣列裡的第一個函數。

我們觀察這個函數，它會接收三個參數 __unused_webpack_module、__webpack_exports__ 和 __webpack_require__。

該函數本體裡呼叫了 __webpack_require__(1) 函數，我們繼續在第 29 行將 1 作為參數傳給函數 __webpack_require__()，接下來還是會呼叫 __webpack_modules__ [moduleId](module, module.exports, __webpack_require__)，回到整段程式最開始的陣列第二項，執行第二個函數。

在第二個函數裡執行了 __webpack_require__.d() 函數，然後經過幾步操作，把 year 變數設定值給 _b_js__WEBPACK_IMPORTED_MODULE_0__ 的 year 屬性，最後順利列印出 2022。最後的這幾步操作透過在程式裡打斷點執行將更容易了解。

8.1.2 tapable

Webpack 是建立於外掛程式系統之上的事件流工作系統，而外掛程式系統是基於 tapable 實現的。tapable 透過觀察者模式完成了事件的監聽與觸發，這和 Node.js 裡的 EventEmitter 事件物件很像，但 tapable 更適合 Webpack 使用。

tapable 的 npm 套件對外提供了許多 Hook（鉤子）類別，這些 Hook 類別可以用來生成 Hook 實例物件。

```
const {
  SyncHook,
  SyncBailHook,
  SyncWaterfallHook,
  SyncLoopHook,
  AsyncParallelHook,
  AsyncParallelBailHook,
  AsyncSeriesHook,
  AsyncSeriesBailHook,
  AsyncSeriesLoopHook,
  AsyncSeriesWaterfallHook
} = require("tapable");
```

tapable 主要提供了上面所示的十大 Hook 類別及三種實例方法：tap、tapAsync 和 tapPromise。

我們透過幾個例子來學習 tapable。首先學習第一個例子，學會 tapable 的基本使用方法，這個例子給 Hook 實例註冊同步方法，書附程式範例是 webpack8-2。

新建專案目錄 webpack8-2，然後在目錄下執行下面的命令安裝 tapable。

```
npm install tapable@2.2.0
```

現在在目錄裡新建一個 index.js 檔案,在裡面輸入以下程式。

```
var { SyncHook } = require('tapable');
var hook1 = new SyncHook(['str']);

hook1.tap('tap1', function (arg) {
   console.log(arg);
});

hook1.call(' 我是呼叫參數 ');
```

在命令列裡執行 node index.js 命令來執行該 JS 指令稿,觀察到命令列
主控台輸出如圖 8-2 所示。

圖 8-2 命令列主控台輸出

下面對這段程式進行解釋。首行程式引入了 tapable 模組的
SyncHook 類別,其等於 ES5 中的構造函數。接下來,我們用 new
SyncHook(['str']) 生成一個實例物件,取變數名稱為 hook1。

作為 Hook 實例物件,hook1 有 tap 方法,它接收兩個參數。第一個參
數是字串或 tap 類型的物件,例子裡用的是字串,表示執行器的名稱。
第二個參數是一個函數,這個函數會在觸發 hook1 呼叫的時候執行。

程式最後透過 hook1.call 觸發了 hook1 上註冊的函數,將觸發時傳入
的參數作為 tap 方法回呼函數的參數傳入,因此主控台上輸出了「我是
呼叫參數」。

在生成 SyncHook 實例物件的時候，陣列裡的參數是用來表示實例註冊回呼需要的參數量，如果在呼叫時傳入的參數比生成新實例時的多，多出的參數並不會生效。

我們在目錄下新建 index2.js 檔案，內容如下。

```
var { SyncHook } = require('tapable');
var hook2 = new SyncHook(['str']);

hook2.tap('tap1', function (arg1, arg2) {
  console.log(arg1);
  console.log(arg2);
});

hook2.call(' 我是呼叫參數 1', ' 我是呼叫參數 2');
```

在命令列裡執行 node index2.js 命令來執行該 JS 指令稿，輸出的結果是「我是呼叫參數 1 undefined」。

同步鉤子 SyncHook 類別的實例支援註冊多個回呼函數，它們在被呼叫時會依次執行。

我們在目錄下新建 index3.js 檔案，內容如下。

```
var { SyncHook } = require('tapable');
var hook2 = new SyncHook(['str']);

hook2.tap('tap1', function (arg) {
  console.log(arg + 1);
});

hook2.tap('tap2', function (arg) {
  console.log(arg +2);
});

hook2.call(' 參數 ');
```

在命令列裡執行 **node index3.js** 命令來執行該 JS 指令稿，輸出的結果是「參數 1 參數 2」。

SyncHook、SyncBailHook、SyncWaterfallHook 和 SyncLoopHook 這四個以 Sync 開頭的類別，表示的都是同步鉤子類別，它們的實例物件必須使用 tap 來註冊函數。AsyncParallelHook、AsyncParallelBailHook、AsyncSeriesHook、AsyncSeriesBailHook、AsyncSeriesLoopHook 和 AsyncSeriesWaterfallHook 這六個以 Async 開頭的類別，表示的都是非同步鉤子類別，它們的實例物件既可以使用 tap 來註冊函數，也可以使用 tapAsync 和 tapPromise 來註冊函數。透過這些更精細的鉤子類別和方法，可以為 Webpack 提供良好的事件流工作機制。

8.1.3 Webpack 打包流程與原始程式初探

如圖 8-3 所示是一個簡單的 Webpack 打包流程圖。

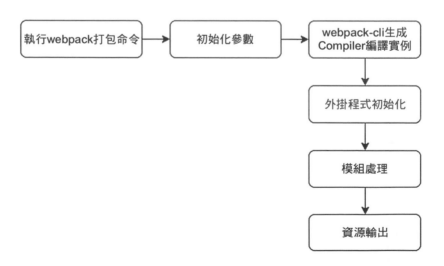

圖 8-3 Webpack 打包流程圖

當我們在命令列裡執行 npx webpack 打包命令時，首先會初始化編譯參數，這些參數包括 Shell 命令的參數和 Webpack 設定檔中的參數。接下來，透過 webpack-cli 生成 Compiler 編譯實例，之後經過外掛程式和模組處理後把打包的資源輸出。Compiler 是一個 JS 物件，包含了當前打包環境下的所有設定資訊，會在 8.3 節進行講解。

下面對 Webpack 的原始程式進行初步探索，講解原始程式的幾個關鍵點，書附程式範例是 webpack8-3。

新建專案目錄 webpack8-3，在該目錄下直接安裝 Webpack 和 webpack-cli，確保安裝的版本是指定的 Webpack@5.21.2 和 webpack-cli@4.5.0，安裝後進入 node_modules 資料夾尋找 webpack 目錄。

```
node_modules > webpack > bin > JS webpack.js > ...
  1    #!/usr/bin/env node
  2
  3  > /** ...
  8  > const runCommand = (command, args) => { ...
 28    };
 29
 30  > /** ...
 34  > const isInstalled = packageName => { ...
 42    };
 43
 44    /**
 45     * @param {CliOption} cli options
 46     * @returns {void}
 47     */
 48  > const runCli = cli => { ...
 55    };
 56
 57  > /** ...
 65
 66    /** @type {CliOption} */
 67  > const cli = { ...
 73    };
 74
 75  > if (!cli.installed) { ...
146    } else {
147        runCli(cli);
148    }
```

圖 8-4　檔案整體結構

當我們在命令列裡執行 webpack 打包命令的時候，會找到 node_ modules/ webpack/bin/webpack.js 並對該檔案進行 Node.js 呼叫。該檔案的整體結構如圖 8-4 所示。

我們將該檔案的程式進行折疊以方便閱讀。該檔案第 75 行之前的程式宣告了一些變數，在第 75 行進行一個判斷，判斷是否安裝了 webpack-cli。如果安裝了，就執行 runCli(cli) 函數；如果沒有安裝，則命令列視窗提示如圖 8-5 所示，根據提示進行安裝，安裝完成後也會執行 runCli(cli) 函數。

```
C:\Users\dell\Desktop\gg>npx webpack
CLI for webpack must be installed.
  webpack-cli (https://github.com/webpack/webpack-cli)

We will use "npm" to install the CLI via "npm install -D webpack-cli".
Do you want to install 'webpack-cli' (yes/no):
```

圖 8-5　命令列視窗提示

接下來讓我們看下 runCli(cli) 函數。該函數是在第 48 行定義的。

```
const runCli = cli => {
  const path = require("path");
  const pkgPath = require.resolve(`${cli.package}/package.json`);
  // eslint-disable-next-line node/no-missing-require
  const pkg = require(pkgPath);
  // eslint-disable-next-line node/no-missing-require
  require(path.resolve(path.dirname(pkgPath), pkg.bin[cli.binName]));
};
```

該函數內的第 3 行會尋找 cli.package 這個屬性值，cli 是我們傳入的參數，它在第 67 行進行定義。

```
const cli = {
  name: "webpack-cli",
  package: "webpack-cli",
  binName: "webpack-cli",
  installed: isInstalled("webpack-cli"),
  url: "https://******.com/webpack/webpack-cli（見連結 8）"
};
```

可以看到 cli.package 的值就是 webpack-cli，webpack-cli 套件的 bin 是在 webpack-cli 的 package.json 中定義的，其值是 "webpack-cli": "bin/cli.js"。結合這兩部分程式來看，runCli(cli) 就是執行了 webpack-cli 這個 npm 套件的 bin/cli.js 檔案。接下來我們看一下該檔案，如圖 8-6 所示。

```
node_modules > webpack-cli > bin > JS cli.js > ...
 1    #!/usr/bin/env node
 2
 3    'use strict';
 4
 5    const Module = require('module');
 6
 7    const originalModuleCompile = Module.prototype._compile;
 8
 9    require('v8-compile-cache');
10
11    const importLocal = require('import-local');
12    const runCLI = require('../lib/bootstrap');
13    const utils = require('../lib/utils');
14
15    // Prefer the local installation of `webpack-cli`
16  > if (importLocal(__filename)) {...
18    }
19
20    process.title = 'webpack';
21
22    if (utils.packageExists('webpack')) {
23       runCLI(process.argv, originalModuleCompile);
24  > } else {...
40    }
```

圖 8-6 bin/cli.js 檔案

該檔案的核心是呼叫第 23 行的 runCLI(process.argv, originalModule Compile) 函數。runCLI 函數是第 12 行的 '../lib/bootstrap' 模組。我們接著觀察該模組檔案，如圖 8-7 所示。

```
node_modules > webpack-cli > lib > JS bootstrap.js > ...
1    const WebpackCLI = require('./webpack-cli');
2    const utils = require('./utils');
3
4    const runCLI = async (args, originalModuleCompile) => {
5        try {
6            // Create a new instance of the CLI object
7            const cli = new WebpackCLI();
8
9            cli._originalModuleCompile = originalModuleCompile;
10
11           await cli.run(args);
12       } catch (error) {
13           utils.logger.error(error);
14           process.exit(2);
15       }
16   };
17
18   module.exports = runCLI;
19
```

圖 8-7 lib/bootstrap.js 模組檔案

該模組的核心是第 11 行的 await cli.run(args)，cli 物件是第 7 行 const cli = new WebpackCLI() 生成的 WebpackCLI 實例，而 WebpackCLI 這個類別是第 1 行引入的 './webpack-cli' 模組。

webpack-cli.js 檔案是一個比較複雜的模組，本書就不再展開講解了。想完整研究原始程式的讀者可以自行知悉上述呼叫流程的關鍵點後深入探索。

8.2 Webpack 前置處理器開發

本書在第 3 章詳細講解了前置處理器的使用，在本節我們將嘗試自己開發前置處理器。

8.2.1 基礎前置處理器開發

我們從一個簡單的前置處理器開發入手，學習自訂前置處理器的基本流程，書附程式範例是 webpack8-4。

假設有一個副檔名是 .hi 的檔案，該檔案的內容是 UTF-8 編碼的數字文字，如 3562。現在需要我們讀取該檔案裡的數字，並把數字分割後相乘的結果輸出到瀏覽器主控台上。

舉例來説，nums.hi 檔案裡面的內容是 333（為簡單起見，我們假設 .hi 檔案裡的字元是數字且不超過 10 位），我們開發的前置處理器處理後返回 27（3×3×3 的結果）。

下面是我們開發的前置處理器，該前置處理器檔案名稱是 math-loader.js，我們稍後解釋其程式的含義。

```
module.exports = function (src) {
  var result = '';
  if (src) {
    var nums = src.split('');
    result = 1;
    var length = nums.length;
    for (var i = 0; i < length; i++) {
      result *= nums[i];
    }
  }
  return `module.exports = '${result}'`;
}
```

需要前置處理器處理的檔案是 nums.hi，裡面的內容是 333。從前面章節學過的知識可以知道，一個檔案若想要被前置處理器處理，需要有對應的檔案來使用該檔案，這裡我們就直接使用入口檔案來使用 nums.hi 檔案。

a.js 檔案的內容如下。

```
import num from './nums.hi';
console.log(num);
```

webpack.config.js 檔案的內容如下。

```
var path = require('path');

module.exports = {
  entry: './a.js',
  output: {
    path: path.resolve(__dirname, ''),
    filename: 'bundle.js'
  },
  module: {
    rules: [{
      test: /\.hi$/,
      use: ['./math-loader.js']
    }]
  },
  mode: 'none'
};
```

注意看 module.rules 的設定，我們對以 .hi 結尾的檔案使用專案根目錄的 math-loader.js 這個前置處理器來解析，下面讓我們來看一下這個前置處理器的程式。

前置處理器本質上是一個會對外匯出函數的 Node.js 模組，我們使用 module.exports 來匯出一個函數，當 Webpack 呼叫該前置處理器解析對應的資源時會呼叫這個函數。

```
module.exports = function (src) {
}
```

匯出的函數會接收 Webpack 傳遞的參數，其第一個參數是資源的內容，鏈式呼叫的初始前置處理器只會有這一個參數。上面例子的前置處理器的參數用 src 表示，其值是檔案 nums.hi 的內容 333，Webpack 會將初始傳遞的參數內容轉換成字串。

接下來就是正常的 JS 邏輯，先判斷 src 是否是真值，是的話就將其做分割後相乘，將結果存放於變數 result 裡。

我們重點看最後一行程式。

```
return `module.exports = '${result}'`;
```

Webpack 在使用鏈式前置處理器的最後一個前置處理器做處理的時候，其處理結果應該為 JS 可解釋的 String 或 Buffer，所以使用了 module.exports = '${result}' 作為返回結果。

8.2.2 鏈式前置處理器開發

上面的例子中我們用的是單一前置處理器，那麼多個前置處理器鏈式呼叫時，其寫法有什麼不同呢？整體來說是一樣的，主要區別是最後的返回值，書附程式範例是 webpack8-5。

webpack.config.js 檔案的內容如下。

```js
var path = require('path');

module.exports = {
  entry: './a.js',
  output: {
    path: path.resolve(__dirname, ''),
    filename: 'bundle.js'
  },
  module: {
    rules: [{
      test: /\.hi$/,
      use: ['./add-loader.js', './mul-loader.js']
    }]
  },
  mode: 'none'
};
```

這裡使用了兩個自訂前置處理器：mul-loader.js 用來把檔案裡的數字分割出來後相乘，add-loader.js 接收上一個前置處理器輸出的乘積並加上 100 後輸出。

mul-loader.js 檔案的內容如下。

```js
module.exports = function (src) {
  var result = '';
  if (src) {
    var nums = src.split('');
    result = 1;
    var length = nums.length;
    for (var i = 0; i < length; i++) {
      result *= nums[i];
    }
    result = result + '';
```

```
  }
  return result;
}
```

add-loader.js 檔案的內容如下。

```
module.exports = function (src) {
  var result = '';
  if (src) {
    result = +src + 100;
  }
  return `module.exports = '${result}'`;
}
```

可以看到，mul-loader.js 檔案與我們剛剛開發的 math-loader.js 檔案很像，區別是它的返回值，直接返回了 result。多個前置處理器鏈式呼叫時，只有最後一個前置處理器需要使用字串包裹 module.exports 這種模組輸出形式的返回值，其他前置處理器都是直接返回。

mul-loader.js 檔案的返回值，除了使用案例的形式進行返回，也可以使用 this.callback() 方法，這裡我們改寫最後一行程式。

```
this.callback(null, result);
```

this.callback() 是 Webpack 編譯器提供的前置處理器 API，它最多可以接收四個參數。第一個與第二個參數是必填的，第一個參數可以是 Error 或 null，第二個參數可以是 String 或 Buffer 類型的。第三個與第四個參數是非必填的，第三個參數是特殊形式的 source map，第四個參數可以是任何值，Webpack 不會直接使用它，開發者可以自訂。

this.callback() 相對於直接返回值的好處是可以傳多個參數。

自訂前置處理器有同步模式和非同步模式兩種模式，同步模式使用 this. callback() 返回值，非同步模式使用 this.async() 返回值。

8.2.3 自訂前置處理器傳參

很多前置處理器支援設定參數，例如 url-loader 可以透過設定 limit 來判斷圖片是否轉換成 Base64 編碼。

```
options: {
  limit: 1024 * 8,
}
```

我們自己開發的前置處理器也可以支援設定參數，Webpack 編譯器提供了對應的 API，我們可以透過 this.query 來獲取。下面是一個例子，書附程式範例是 webpack8-6。

我們修改書附程式範例 webpack8-4，直接在 math-loader.js 檔案裡增加參數 add。將其值設定為 true 時，分割數字相乘的結果會加上 100 並返回；其值設定為 false 時，分割數字相乘的結果不加 100 並返回。

```
var path = require('path');

module.exports = {
  entry: './a.js',
  output: {
    path: path.resolve(__dirname, ''),
    filename: 'bundle.js'
  },
  module: {
    rules: [{
      test: /\.hi$/,
      use: {
```

```
      loader: './math-loader.js',
      options: {
        add: true
      }
    }
  }]
  },
  mode: 'none'
};
```

math-loader.js 檔案的內容如下。

```
module.exports = function (src) {
  var result = '';
  if (src) {
    var nums = src.split('');
    result = 1;
    var length = nums.length;
    for (var i = 0; i < length; i++) {
      result *= nums[i];
    }
  }
  if (this.query.add == true) {
    result = result + 100;
  }
  return `module.exports = '${result}'`;
}
```

安裝 Webpack 後執行 npx webpack 命令，在瀏覽器中打開 index.html
檔案，可以發現在將 add 設定為 true 時，返回值是加上 100 的結果。

8.3 Webpack 外掛程式開發

8.3.1 Webpack 外掛程式開發概述

在 8.1 節裡我們介紹了 tapable，Webpack 外掛程式的開發也是基於事件機制進行的，外掛程式會監聽 Webpack 建構過程中的某些節點，並做對應的處理。

一個簡單的 Webpack 外掛程式結構如下所示。

```
class HelloPlugin {
  // 構造方法
  constructor (options) {
    console.log(options);
  }
  apply(compiler) {
    compiler.hooks.done.tap('HelloPlugin', () => {
      console.log(`HelloPlugin`);
    })
  }
}

module.exports = HelloPlugin;
```

我們在 Webpack 設定檔裡設定外掛程式時，是使用 new 命令實體化一個構造函數來獲得實例物件的。因此，我們通常用 ES6 的 class 類別來定義一個 Webpack 外掛程式，在內部透過 constructor 構造方法可以獲取外掛程式參數。apply 方法在外掛程式初始化時會被 Webpack 編譯器呼叫一次，其方法參數就是 Webpack 編譯器的 Compiler 物件引用。在 apply 方法內部，我們透過 Compiler 的 Hook 物件上的方法註冊回呼函數，以便在 Webpack 特定的編譯時機執行特定任務。compiler.hooks

是一個由 tapable 擴充而來的物件,它支持非常多的事件鉤子。上面程式中 tap 方法的第一個參數表示外掛程式名稱,第二個參數是回呼函數,在回呼函數裡可以獲取 Compilation 物件。

Compiler 物件與 Compilation 物件都包含有當前編譯的相關資訊,Compiler 物件的資訊是 Webpack 全域環境資訊,而 Compilation 物件的資訊是在開發模式執行時期一次性、不間斷編譯的資訊。

8.3.2 Webpack 外掛程式開發實例

下面我們開發複製外掛程式,它的作用是把我們打包後輸出的資源完全複製到另一個目錄下,書附程式範例是 webpack8-7。

我們首先完成一個簡易複製功能的 Node.js 模組,該模組對外提供一個函數 copy。函數 copy 接收兩個參數,分別表示要被複製的檔案目錄和複製後的目標目錄。該模組檔案名稱是 copy.js,具體程式含義讀者無須了解,因為實際開發中我們通常使用工具庫的複製模組。

copy.js 檔案的內容如下。

```javascript
var fs = require('fs');
var path = require('path');
var stat = fs.stat;
var copy;

var copyFun = function (src, dest) {
  fs.readdir(src, function (err, paths) {
    if (err) {
      throw err;
    }
    paths.forEach(function (path) {
      var from = src + '/' + path;
```

```
        var to = dest + '/' + path;
        var readStream;
        var writeStream;
        stat(from, function (err, s) {
          if (err) {
            throw err;
          }
          if (s.isFile()) {
            readStream = fs.createReadStream(from);
            writeStream = fs.createWriteStream(to);
            readStream.pipe(writeStream);
          } else if (s.isDirectory()) {
            copy(from, to);
          }
        })
      })
    })
}

copy = function (src, dest) {
  fs.exists(dest, function (exist) {
    if (exist) {
      copyFun(src, dest);
    } else {
      fs.mkdir(dest, function () {
        copyFun(src, dest);
      })
    }
  })
}

module.exports = copy;
```

接下來，開始開發我們的 Webpack 複製外掛程式，按照剛剛學過的
Webpack 外掛程式結構，copy-plugin.js 檔案的內容如下。

```
var path = require('path');
var copy = require('./copy.js');

class CopyPlugin {
  constructor (options) {
    console.log(options);
  }
  apply (compiler) {
    compiler.hooks.afterEmit.tap('CopyPlugin', compilation => {
      console.log('CopyPlugin');
      var from = path.resolve(__dirname, 'pic');
      var to = path.resolve(__dirname, 'img');
      copy(from, to);
    })
  }
}

module.exports = CopyPlugin;
```

主要變化是 apply 方法裡的程式，複製外掛程式的 compiler.hooks 使用
了其 afterEmit 方法來註冊回呼函數。done 與 afterEmit 都是 Webpack
生命週期鉤子函數，它們是 tapable 類別的實例，在不同的生命週期內
進行呼叫。done 是 AsyncSeriesHook 類型的鉤子，它會在編譯完成時
呼叫。afterEmit 也是 AsyncSeriesHook 類型的鉤子，它會在打包生成
資源後呼叫。

compiler.hooks.afterEmit.tap 方法的第一個參數是外掛程式名稱，第
二個參數是回呼函數，回呼函數的參數因鉤子的不同可以獲取不同的參
數，大部分的情況下可以獲取到 Compilation 參數。

外掛程式開發完成後，需要在 Webpack 設定檔裡進行設定，因為這個
外掛程式存放在本地，故我們可以直接引入。

```
const path = require('path');
const CopyPlugin = require('./copy-plugin.js')

module.exports = {
  entry: './a.js',
  output: {
    path: path.resolve(__dirname, ''),
    filename: 'bundle.js'
  },
  plugins: [
    new CopyPlugin()
  ],
  mode: 'none'
};
```

入口檔案 a.js 的內容如下，它的程式邏輯很簡單，我們的重點是使用
CopyPlugin 外掛程式。

```
let num = 18;
console.log(num);
```

安裝好 Webpack 和 webpack-cli 後執行 npx webpack 命令就完成了打
包，這時會發現專案目錄下的 pic 檔案目錄裡的內容被複製到了 img 目
錄裡。

8.3.3　自訂外掛程式傳參

仔細觀察 copy-plugin.js 檔案的內容，我們會發現被複製的目錄與複製
後的目標目錄都是寫在 apply 方法裡的固定值，在實際開發的時候，
我們通常希望它是一個可以改變的參數。要做到這一點，就需要在
Webpack 設定檔裡設定外掛程式時將對應的參數傳入，並且在外掛程式
裡需要接收參數進行對應的處理。

在 Webpack 設定檔裡傳入參數比較簡單，4.4 節介紹過 html-webpack-plugin 外掛程式的使用，我們只需要在外掛程式實體化時把一個物件作為參數傳入即可。

```
plugins:[
  new HtmlWebpackPlugin({
    title: 'Webpack 與 Babel 入門教學 ',
    filename: 'home.html'
  })
],
```

現在我們在外掛程式設定項目裡設定 from 與 to 這兩個參數，分別表示被複製的目錄與複製後的目標目錄。

```
plugins:[
  new CopyPlugin({
    from: path.resolve(__dirname, 'pic'),
    to: path.resolve(__dirname, 'img'),
  })
],
```

在 copy-plugin.js 檔案裡，會在類別的構造方法 constructor 裡獲取到對應的參數，方法 constructor(options) 中的 options 就是我們在設定檔裡設定的參數物件，options.from 與 options.to 分別是原始目錄與目標目錄。

現在對 copy-plugin.js 檔案進行改造，書附程式範例是 webpack8-8。

copy-plugin.js 檔案的內容如下。

```
var path = require('path');
var copy = require('./copy.js');

class CopyPlugin {
  constructor (options) {
```

```
    this.from = options.from;
    this.to = options.to;
  }
  apply (compiler) {
    compiler.hooks.afterEmit.tap('CopyPlugin', compilation => {
      copy(this.from, this.to);
    })
  }
}

module.exports = CopyPlugin;
```

從 options 獲取到參數後，分別將 from 和 to 設定值給 this 物件，在呼叫 copy 函數時，直接將這兩個值傳入 copy 的參數列表即可。安裝好 Webpack 和 webpack-cli 後執行 npx webpack 命令就完成了打包，這時原始目錄 pic 裡的內容被複製到了目標目錄 img 裡。

8.4 本章小結

在本章中，我們講解了 Webpack 原理相關的知識。

我們首先對打包後的檔案進行了分析，接下來學習了 Webpack 的根基 tapable，Webpack 的建構是基於 tapable 完成的，然後對 Webpack 打包流程與原始程式進行了探究，透過這些掌握了 Webpack 的基本原理知識。

學習了 Webpack 基本原理後，我們開始學習自訂前置處理器與外掛程式的開發，並透過實際的案例進行了講解。

學習完本章後，讀者可以自己嘗試開發大型 Webpack 前置處理器或外掛程式，並對 Webpack 的原始程式進行完整研究。

Babel 入門

本章會講解 Babel 的入門知識。主要目的是快速掌握 Babel 的基礎知識，學會最簡單的使用方法，為後續深入學習做準備。

9.1 Babel 簡介

Babel 是一個工具集，主要用於將 ES6 版本的 JS 程式轉為 ES5 等向後相容的 JS 程式，從而使程式可以執行在低版本瀏覽器或其他環境中。

因為有 Babel 的存在，我們完全可以在工作中使用 ES6 來撰寫程式，最後使用 Babel 將程式轉為 ES5 版本的程式，這樣就不用擔心執行環境是否支持 ES6 了。下面是一個範例。

轉換前，程式裡使用 ES6 箭頭函數。

```
var fn = (num) => num + 2;
```

轉換後，箭頭函數變成了 ES5 的普通函數。這樣就可以在不支援箭頭函數的瀏覽器裡執行相關程式了。

```
var fn = function fn(num) {
  return num + 2;
}
```

Babel 做了上面這個轉換工作，接下來我們從最簡單的例子開始學習。

★注意

❶ 在本書中 ES6 是 ECMAScript 2015 及之後版本的統稱。

❷ 在本書中編譯與轉碼是同一個意思，不進行嚴格區分。

❸ 使用 Babel 進行 ES6 程式轉 ES5 程式時，轉換之後預設是嚴格模式。在不影響閱讀的情況下，本書部分章節會省略嚴格模式的宣告 "use strict"。另外，如果想去除嚴格模式，可以透過相關外掛程式來實現。

9.2 Babel 快速入門

在本節中，我們將設定一個簡單的 Babel 轉碼專案，來學習整個轉換流程，書附程式範例是 babel9-1。

9.2.1 Babel 的安裝、設定與轉碼

在本節中,我們的目標是將一個 ES6 撰寫的 JS 檔案轉換成 ES5 的,該 main.js 檔案的程式如下。

```
var fn = (num) => num + 2;
```

接下來,我們會一步一步完成這個轉換過程。

1. Babel 的安裝

首先,我們需要安裝 Babel。Babel 依賴於 Node.js,如果沒有安裝 Node.js 的話,可於官網下載安裝最新版本的 Node.js,Node.js 的安裝過程在 1.2 節進行過介紹。

本書中所有的 Babel 都安裝在本地專案目錄下,因此要先建立專案目錄,我們在本地新建資料夾 babel9-1。

接下來,在該目錄下執行 npm init -y 命令初始化專案。然後安裝 Babel 相關的套件,執行下面的命令安裝三個 npm 套件,這些 npm 套件是 Babel 官方套件。

```
// npm 一次性安裝多個套件,套件名之間用空格隔開
npm install --save-dev @babel/cli@7.13.10 @babel/core@7.13.10 @babel/
preset-env@7.13.10
```

安裝完成後,別忘了把要轉換的 main.js 檔案放在專案目錄下。

2. 建立 Babel 設定檔

接下來,我們在專案目錄下新建一個 JS 檔案,檔案名稱是 babel.config. js。該檔案是 Babel 設定檔,我們在該檔案裡輸入以下內容。

```
module.exports = {
  presets: ["@babel/env"],
  plugins: []
}
```

▌ 3. Babel 轉碼

現在，執行下面的命令進行轉碼，該命令的含義是把 main.js 檔案轉碼
生成 compiled.js 檔案。

```
npx babel main.js -o compiled.js
```

此時資料夾下會生成 compiled.js 檔案，該檔案是轉碼後的程式。

```
"use strict";
var fn = function fn(num) {
  return num + 2;
};
```

這就是一個簡單的 Babel 使用過程，我們把用 ES6 撰寫的 main.js 檔案
轉換成了相容 ES5 的 compiled.js 檔案。

9.2.2 Babel 轉碼說明

下面對剛剛完成的 Babel 轉碼做一個簡單説明。

檔案 babel.config.js 是 Babel 執行時預設在目前的目錄下搜尋的 Babel
設定檔。除了 babel.config.js 設定檔，我們也可以選擇用 .babelrc
或 .babelrc.js 這兩種設定檔，還可以直接將設定參數寫在 package.json
檔案裡。它們的作用都是相同的，只需要選擇其中一種。我們將在 10.2
節詳細介紹 Babel 的設定檔，接下來預設使用 babel.config.js 設定檔。

@babel/cli、@babel/core 與 @babel/preset-env 是 Babel 官方提供的三個套件，它們的作用如下。

❶ @babel/cli 是 Babel 命令列轉碼工具，如果我們使用命令列進行 Babel 轉碼就需要安裝它。

❷ @babel/cli 依賴 @babel/core，因此也需要安裝 @babel/core 這個 Babel 核心 npm 套件。

❸ @babel/preset-env 這個 npm 套件提供了 ES6 轉 ES5 的語法轉換規則，我們需要在 Babel 設定檔裡指定使用它。如果不使用的話，也可以完成轉碼，但轉碼後的程式仍然是 ES6 的，相當於沒有轉碼。

這些工具後續都會有單獨的章節說明，現在先學會簡單使用即可。

★注意

❶ 如果安裝 npm 套件比較慢的話，透過以下命令設定 npm 映像檔來源為其它 npm 後再安裝。

```
npm config set registry https://registry.npm.******.org（見連結 2）
```

❷ npx babel main.js -o compiled.js 命令裡的 npx 是新版 Node.js 裡附帶的命令。它執行的時候預設會找到 node_modules/.bin/ 下的路徑執行，分別與下面的命令等效。

Linux/UNIX 命令列如下。

```
node_modules/.bin/babel main.js -o compiled.js
```

Windows 的 cmd 命令列（假設書附程式範例 babel9-1 在 D:\demo\ 路徑下）如下。

```
D:\demo\babel9-1\node_modules\.bin\babel main.js -o compiled.js
```

9.3 引入 polyfill

整體來說，Babel 的主要工作有以下兩部分。

❶ 語法轉換。

❷ 補齊 API。

在 9.2 節中，我們講的是用 Babel 進行語法轉換，把 ES6 的箭頭函數語法轉換成 ES5 的函數定義語法。箭頭函數語法、async 函數語法、class 類別語法和解構設定值等都是 ES6 新增的語法。

那什麼是補齊 API？簡單解釋就是透過 polyfill 的方式在目標環境中增加缺失的特性。對於 polyfill 這個概念，在下面會有說明，現在我們來看一個缺少補齊 API 造成的問題。

本節書附程式範例是 babel9-2。

我們按照 9.2 節的操作對 var promise = Promise.resolve('ok') 進行轉碼，會發現轉換後的程式並沒有改變，過程如下。

本地新建 babel9-2 資料夾，在該資料夾下新建 Babel 設定檔 babel.config.js，內容如下。

```
module.exports = {
  presets: ["@babel/env"],
  plugins: []
}
```

接著在專案目錄下新建 main.js 檔案，該檔案是需要轉碼的 JS 程式，內容如下。

```
var fn = (num) => num + 2;
var promise = Promise.resolve('ok')
```

然後執行下面的命令安裝三個 npm 套件。

```
// npm 一次性安裝多個套件，套件名之間用空格隔開
npm install --save-dev @babel/cli@7.13.10 @babel/core@7.13.10 @babel/
preset-env@7.13.10
```

最後執行轉碼命令。

```
npx babel main.js -o compiled.js
```

整個過程與 9.2 節基本一樣，只是 main.js 檔案裡的程式多了一行。

```
var promise = Promise.resolve('ok')
```

此時資料夾下會生成新的 compiled.js 檔案，內容如下。

```
"use strict";
var fn = function fn(num) {
  return num + 2;
};
var promise = Promise.resolve('ok');
```

我們觀察轉碼後生成的 compiled.js 檔案程式，發現 Babel 並沒有對
ES6 的 Promise 進行轉換。

我們透過一個 index.html 檔案引用轉碼後的 compiled.js 檔案，在比較
老的瀏覽器（如 Firefox 27 瀏覽器）裡打開 HTML 檔案後，主控台顯示
出錯：Promise is not defined。

為何 Babel 沒有對 ES6 的 Promise 進行轉碼呢？原因是 Babel 預設只轉換新的 JS 語法（syntax），而不轉換新的 API。新的 API 可分成兩類，一類是 Promise、Map、Symbol、Proxy、Iterator 等全域物件及物件自身的方法，如 Object.assign，Promise.resolve；另一類是新的實例方法，如陣列實例方法 [1, 4, -5, 10].find((item) => item < 0)。如果想讓 ES6 新的 API 在低版本瀏覽器裡正常執行，我們就不能只做語法轉換。

在 Web 前端專案裡，最正常的做法是使用 polyfill，為當前環境提供一個「墊片」。所謂「墊片」，是指墊平不同瀏覽器之間差異的東西。polyfill 提供了全域的 ES6 物件及透過修改原型鏈 Array.prototype 等來補充對實例的實現。

從廣義上講，polyfill 是為環境提供不支援的特性的一類檔案或函數庫，而從狹義上講，其是 polyfill.js 檔案及 @babel/polyfill 這個 npm 套件。

我們可以直接在 HTML 檔案裡引入 polyfill.js 檔案來作為全域環境「墊片」，polyfill.js 檔案有 Babel 官方提供的，也有第三方提供的。我們引入一個 Babel 官方已經建構好的 polyfill.js 檔案。

為簡單起見，我們使用在 HTML 檔案裡引入 polyfill.js 檔案的方式。

```
<script src="https://cdn.*******.com/babel-polyfill/7.6.0/ polyfill.js
（見連結 9）"></script>
```

我們在 IE 9 瀏覽器裡打開驗證，也可以用 Firefox 27 等低版本的瀏覽器驗證。這時發現可以正常執行了。

補齊 API 的方式除了透過引入 polyfill.js 檔案，還可以透過在建構工具（如 Webpack）入口檔案中設定或在 Babel 設定檔中設定等方式來實現。本節所講的透過在 HTML 檔案裡直接引入 polyfill.js 檔案的方式，在現代前端專案裡逐漸被淘汰，現在已經很少使用了。但這種方式對初學者了解 polyfill 是做什麼的是簡單直接的學習方法。後續章節中我們還會學習其他補齊 API 的方式。

★注意

❶ 可以在連結 10 的頁面中下載對應作業系統的 Firefox 27 瀏覽器，如果要長期使用該版本，必須設定成不自動更新。如果使用的是 Windows 作業系統的話，在左上角 Firefox →選項→進階→更新裡設定不自動更新。

❷ 什麼是 API？初學程式設計的人看了百度百科上的解釋會覺得很迷惑。我們舉個簡單的例子來解釋：JS 裡的陣列有排序方法 sort()，這就是 JS 語言創造者給陣列制定的 API。引申一下，你若使用了別人已經寫好的物件、類別、函數或方法，那就是使用了 API。

那麼 ES6 有哪些新的 API 呢？包括 Promise 物件，陣列的 Array.from() 與 Array.of() 方法，陣列實例的展平方法 flat()，Object.assign() 方法等，只要是新的物件名稱、類別名、函數名稱或方法名稱，就是 ES6 中新的 API。

9.4 本章小結

在本章中，我們講解了 Babel 的入門知識。

首先介紹了 Babel 是什麼，然後透過一個簡單的例子讓讀者快速學習 Babel 的使用方法。

一個完整的 Babel 轉碼專案通常包括以下檔案。

❶ Babel 設定檔。

❷ Babel 相關的 npm 套件。

❸ 需要轉碼的 JS 檔案。

本章最後講解了透過 polyfill.js 檔案來補齊程式執行時期環境所缺失的 API。

透過使用 Babel 的語法轉換和 polyfill 補齊 API，就可以使一個使用 ES6 撰寫的專案完整執行在不支援 ES6 的環境上了。

Chapter

10

深入 Babel

本章將深入講解 Babel 的相關知識。

在第 9 章中，我們 學習了 Babel 的基礎知識和最簡單的使用方法。在本章中，我們會接觸到 Babel 的整個系統，包括 Babel 版本的變更，如何寫 Babel 設定檔，Babel 的預設和外掛程式的選擇等。閱讀本章後，讀者將對 Babel 有一個完整的認識和深層次的掌握。

10.1 Babel 版本

目前，前端開發領域使用的 Babel 版本主要是 Babel 6 和 Babel 7 這兩個版本。

讀者可能有這樣一個問題，怎麼查看使用的 Babel 是哪個版本的呢？在第 9 章中，我們講過 Babel 是一個工具集，而這個工具集是圍繞 @babel/core 這個核心 npm 套件組成的。每次 @babel/core 發佈新版本的時候，整個工具集的其他 npm 套件也都會跟著升級到與 @babel/core 相同的版本，即使它們的程式可能一行都沒有改變。因此，我們提到 Babel 版本的時候，通常指的是 @babel/core 這個 Babel 核心套件的版本。若要查看 Babel 的版本，只需觀察 package.json 裡 @babel/core 的版本即可。

在一次次版本變更的過程中，很多 Babel 工具及 npm 套件都發生了變化，導致其設定檔有各種各樣的寫法。同時，很多 Babel 相關的文章都沒有注意到版本問題，這給學習者也造成了很大的困惑。

下面我們簡單描述一下 Babel 6 和 Babel 7 這兩個版本的差異。

Babel 7 的 npm 套件都存放在 babel 域下，即在安裝 npm 套件的時候，我們安裝的是名稱以 @babel/ 開頭的 npm 套件，如 @babel/cli、@babel/core 等。而在 Babel 6 中，我們安裝的套件名是 babel-cli、babel-core 等以 babel- 開頭的 npm 套件。其實它們本質上是一樣的，都是 Babel 官方提供的 cli 命令列工具和 core 核心套件。在平時開發和學習的過程中，碰到 @babel/ 和 babel- 時應該意識到它倆是作用相同、內容接近的套件，只是版本不一樣而已。

另外，對於 Babel 6 和 Babel 7 這兩個版本更細微的差異，都會在接下來的各節裡講到。

10.2 Babel 設定檔

10.2.1 設定檔

在前面的章節中，我們已經簡單使用過 Babel 的設定檔了。現在我們來深入學習它。

無論是透過命令列工具 babel-cli 來進行編譯，還是使用 Webpack 這類的建構工具，大部分的情況下，我們都需要建立一個 Babel 設定檔來指定編譯的規則。

Babel 的設定檔是執行 Babel 時預設會在目前的目錄下搜尋的檔案，主要有 .babelrc、.babelrc.js、babel.config.js 和 package.json。它們的設定都是相同的，作用也是一樣的，只需要選擇其中一種即可。

對於 .babelrc 檔案，它的設定內容如下。

```
{
  "presets": ["es2015", "react"],
  "plugins": ["transform-decorators-legacy", "transform-class-
properties"]
}
```

對於 babel.config.js 檔案和 .babelrc.js 檔案，它們的設定是一樣的，透過 module.exports 輸出設定如下。

```
module.exports = {
  "presets": ["es2015", "react"],
  "plugins": ["transform-decorators-legacy", "transform-class-
properties"]
}
```

對於 package.json 檔案，就是在其中增加一個 babel 屬性和值，它的
設定內容如下。

```
{
  "name": "demo",
  "version": "1.0.0",
  "description": "",
  "main": "index.js",
  "scripts": {
    "test": "echo \"Error: no test specified\" && exit 1"
  },
  "author": "",
  "babel": {
    "presets": ["es2015", "react"],
    "plugins": ["transform-decorators-legacy", "transform-class-properties"]
  }
}
```

仔細觀察上述幾種設定檔，會發現它們的設定其實都是 plugins 和
presets。

除了把設定寫在上述這幾種設定檔裡，我們也可以把設定寫在建構工
具的設定裡。對於不同的建構工具，Babel 也提供了對應的設定，例如
Webpack 的 babel-loader 設定，其本質和設定檔是一樣的，大家學會
了設定上述的一種，自然也就學會其他的了，故不再單獨講解。

複習一下設定檔，就是設定 plugins 和 presets 這兩個陣列，我們分別
稱它們為外掛程式陣列和預設陣列。

除了 plugins 和 presets 這兩個設定項目，還有 minified、ignore 等設
定項目，但我們平時幾乎用不到，大家專注於 plugins 和 presets 上即
可。

推薦使用副檔名是 js 的設定檔來進行設定，因為可以使用該檔案做一些
邏輯處理，適用性更強。下面舉一個例子。

```
// 這裡只是舉例子，在實際專案中，我們可以傳入環境變數等來做處理
var year = 2020;
var presets = [];
if (year > 2018) {
  presets = ["@babel/env"];
} else {
  presets = "presets": ["es2015", "es2016", "es2017"],
}
module.exports = {
  "presets": presets,
  "plugins": []
}
```

10.2.2 外掛程式與預設

plugin 代表外掛程式，preset 代表預設，它們被分別放在 plugins 和
presets 目錄下，通常每個外掛程式或預設都是一個 npm 套件。

10.2.1 節開頭提到了透過 Babel 設定檔來指定編譯規則，所謂編譯規
則，就是在設定檔裡列出的編譯過程中會用到的 Babel 外掛程式或預
設。這些外掛程式和預設會在編譯過程中把我們的 ES6 程式轉換成
ES5 程式。

Babel 外掛程式的數量非常多，處理 ES2015 的外掛程式如下。

❶ @babel/plugin-transform-arrow-functions。

❷ @babel/plugin-transform-block-scoped-functions。

❸ @babel/plugin-transform-block-scoping。

處理 ES2018 的外掛程式如下。

❶ @babel/plugin-proposal-async-generator-functions。

❷ @babel/plugin-transform-dotall-regex。

所有的外掛程式都需要先安裝 npm 套件到 node_modules 後才可以使用。

Babel 的外掛程式實在太多了，假如只設定外掛程式陣列，那我們前端專案要把 ES2015、ES2016、ES2017……下的所有外掛程式都寫到設定裡，這樣的 Babel 設定檔會非常臃腫。

preset 預設就是幫我們解決這個問題的。預設是一組 Babel 外掛程式的集合，通俗的説法就是外掛程式套件，例如 babel-preset-es2015 就是所有處理 ES2015 的二十多個 Babel 外掛程式的集合。這樣我們就不用寫一大堆外掛程式設定了，只需要用一個預設代替就可以。另外，預設也可以是外掛程式和其他預設的集合。Babel 官方已經針對常用的環境做了以下這些 preset 套件。

❶ @babel/preset-env。

❷ @babel/preset-react。

❸ @babel/preset-typescript。

❹ @babel/preset-stage-0。

❺ @babel/preset-stage-1。

所有的預設也都需要先安裝 npm 套件到 node_modules 後才可以使用。

10.2.3 外掛程式與預設的短名稱

可以在設定檔裡寫外掛程式的短名稱，如果外掛程式的 npm 套件名稱的字首為 babel-plugin-，則可以省略其字首。例如：

```
module.exports = {
  "presets": [],
  "plugins": ["babel-plugin-transform-decorators-legacy"]
}
```

可以寫成短名稱。

```
module.exports = {
  "presets": [],
  "plugins": ["transform-decorators-legacy"]
}
```

如果 npm 套件名稱的字首帶有 npm 作用域 @，如 @org/babel-plugin-xxx，則短名稱可以寫成 @org/xxx。

目前 Babel 7 的官方 npm 套件裡的絕大部分外掛程式已經升級為 @babel/plugin- 字首的了，這種情況的短名稱比較特殊，其中絕大部分可以像 babel-plugin- 那樣省略 @babel/plugin-。但 Babel 官方並沒有列出明確的說明，所以還是推薦使用全稱。

預設的短名稱規則與外掛程式的類似，預設 npm 套件名稱的字首為 babel-preset- 或作用域 @xxx/babel-preset-xxx 的可以省略掉 babel-preset-。

目前 Babel 7 的官方 npm 套件裡的絕大部分預設已經升級為 @babel/preset- 字首的了，這種情況的短名稱比較特殊，其中絕大部分可以像 babel-preset- 那樣省略 @babel/preset-，但 Babel 官方並沒有列出明確的說明，也有例外情況，如 @babel/preset-env 的短名稱就是 @babel/env，所以還是推薦使用全稱。

plugins 外掛程式陣列和 presets 預設陣列是有順序要求的。如果兩個外掛程式或預設都要處理同一個程式部分，那麼會根據外掛程式和預設的順序來執行。規則如下。

❶ 外掛程式比預設先執行。

❷ 外掛程式執行順序是外掛程式陣列元素從前向後依次執行。

❸ 預設執行順序是預設陣列元素從後向前依次執行。

10.2.4 Babel 外掛程式和預設的參數

每個外掛程式是外掛程式陣列的元素，每個預設是預設陣列的元素，預設情況下，元素都使用字串來表示，如 "@babel/preset-env"。

如果要給外掛程式或預設設定參數，那麼元素就不能寫成字串了，而要改寫成一個陣列。陣列的第一項是外掛程式或預設的名稱串，第二項是物件，該物件用來設定第一項代表的外掛程式或預設的參數。例如給 @babel/preset-env 設定參數。

```
{
  "presets": [
    [
      "@babel/preset-env",
      {
        "useBuiltIns": "entry"
      }
    ]
  ]
}
```

10.3 預設與外掛程式的選擇

如果讀者是 Babel 方面的新人，看了 10.2 一節後，可能還是不知道有哪些外掛程式和預設，那麼該怎樣選擇外掛程式和預設呢？本節就是幫讀者解決這個問題的。

Babel 7.13 官方的外掛程式和預設目前有一百多個，數量這麼多，我們一個個都學習的話要花費大量時間。

不過，我們沒有必要全部學習。在我們現在的 Web 前端專案裡，常用的外掛程式和預設其實只有幾個。抓住重點，有的放矢地學習這幾個，然後舉一反三，這是最快掌握 Babel 的途徑。

10.3.1 預設的選擇

在 Babel 6 時期，常見的預設有 babel-preset-es2015、babel-preset-es2016、babel-preset-es2017、babel-preset-latest、babel-preset-stage-0、babel-preset-stage-1、babel-preset-stage-2 等。

babel-preset-es2015、babel-preset-es2016、babel-preset-es2017 分別是 TC39 每年發佈的進入標準的 ES 語法轉換器預設，我們在這裡稱之為年代 preset。目前，Babel 官方不再推出 babel-preset-es2017 之後的年代 preset 了。

babel-preset-stage-0、babel-preset-stage-1、babel-preset-stage-2、babel-preset-stage-3 是 TC39 每年草案階段發佈的 ES 語法轉換器預設。

從 Babel 7 版本開始，上述預設都已經不再推薦使用了，babel-preset-stage-X 因為對開發造成了一些困擾，也不再更新。

babel-preset-latest，在 Babel 6 時期，是所有年代 preset 的集合，在 Babel 6 最後一個版本中，它是 babel-preset-es2015、babel-preset-es2016、babel-preset-es2017 的 集 合。 因 為 Babel 官 方 不 再 推 出 babel-preset-es2017 之後的年代 preset 了，所以 babel-preset-latest 變成了 TC39 每年發佈的進入標準的 ES 語法轉換器預設集合。其實，這和 Babel 6 時期它的內涵是一樣的。

@babel/preset-env 包含了 babel-preset-latest 的 功能，並 進 行 了 增 強，現在 @babel/preset-env 完全可以替代 babel-preset-latest。

經過梳理，可以複習為以前要用到那麼多的預設，而現在只需要一個 @babel/preset-env 就可以了。

在實際開發過程中，除了使用 @babel/preset-env 對標準的 ES6 語法 進行轉換，我們可能還需要類型檢查和 React 等預設對特定語法進行轉 換。這裡有三個官方預設可以使用。

❶ @babel/preset-flow。

❷ @babel/preset-react。

❸ @babel/preset-typescript。

複習起來，Babel 官方提供的預設，我們實際會用到的其實就只有四個。

❶ @babel/preset-env。

❷ @babel/preset-flow。

❸ @babel/preset-react。

❹ @babel/preset-typescript。

對於一個普通的 Vue 專案，在 Babel 官方提供的預設中只需要配一個 @babel/preset-env 就可以了。

10.3.2 外掛程式的選擇

雖然 Babel 7 官方有九十多個外掛程式，不過其中大多數都已經整合在 @babel/preset-env 和 @babel/preset-react 等預設裡了，我們在開發的時候直接使用預設就可以。

目前比較常用的外掛程式只有 @babel/plugin-transform-runtime。

綜合以上，在本節中，我們主要學習了外掛程式和預設的選擇，經過一番篩選後，我們找出了在開發的過程中經常用到的四個預設和一個外掛程式。

10.4 babel-polyfill

babel-polyfill 在 Babel 7 之後的名字是 @babel/polyfill。在 9.3 節中，我們學習了 polyfill 的入門知識，在本節中將進行深入講解。

從廣義上講，polyfill 是為環境提供不支援特性的一類檔案或函數庫，既有 Babel 官方提供的函數庫，也有第三方提供的。babel-polyfill 指的是 Babel 官方提供的 polyfill，本書預設使用 babel-polyfill。傳統上的 polyfill 分為兩類，一類是已建構成 JS 檔案的 polyfill.js，另一類是未建構的需要安裝 npm 套件的 @babel/polyfill。因為 @babel/polyfill 本質上是由兩個 npm 套件 core-js 與 regenerator-runtime 組合而成的，所以在使用層面上還可以再細分為是引入 @babel/polyfill 本身還是引入其組合子套件。

整體來説，Babel 官方提供的 polyfill 的使用方法主要有以下幾種。

❶ 直接在 HTML 檔案裡引入 Babel 官方提供的 polyfill.js 檔案。
❷ 在前端專案的入口檔案裡引入 polyfill.js 檔案。
❸ 在前端專案的入口檔案裡引入 @babel/polyfill。
❹ 在前端專案的入口檔案裡引入 core-js/stable 與 regenerator-runtime/runtime。
❺ 在前端專案建構工具的設定檔入口裡引入 polyfill.js 檔案。
❻ 在前端專案建構工具的設定檔入口裡引入 @babel/polyfill。
❼ 在前端專案建構工具的設定檔入口裡引入 core-js/stable 與 regenerator-runtime/runtime。

下面我們仍以 Firefox 27 瀏覽器不支援的 Promise 為例進行演示。該版本的 Firefox 瀏覽器在遇到以下程式時會顯示出錯。

```
var promise = Promise.resolve('ok');
console.log(promise);
```

顯示出錯資訊為 "ReferenceError: Promise is not defined"。

我們需要做的就是讓 Firefox 27 瀏覽器可以正常執行我們的程式，下面對上面提到的七種方法進行講解。

1. 直接在 HTML 檔案裡引入 Babel 官方提供的 polyfill.js 檔案

該方法屬於使用已建構成 JS 檔案的 polyfill.js，該方法在 9.3 節已經講過，本節不再重複講解。

2. 在前端專案的入口檔案裡引入 polyfill.js 檔案

書附程式範例是 babel10-1。

該方法屬於使用已建構成 JS 檔案的 polyfill.js，下面我們以目前業界最流行的 Webpack 建構工具為例說明該方法。

我們的專案裡有 a.js 與 index.html 檔案，a.js 檔案是需要轉碼的檔案，其內容如下。

```
var promise = Promise.resolve('ok');
console.log(promise);
```

index.html 檔案在 head 標籤裡直接引入了 a.js 檔案，這時在 Firefox 27 瀏覽器裡打開該 HTML 檔案會顯示出錯。

在 9.3 節的例子裡，我們是在 index.html 檔案裡單獨引入 polyfill.js 檔案對 API 進行補齊的。現在，我們換一種方法，透過在專案入口檔案 a.js 中引入 polyfill.js 檔案來進行 API 補齊。

我們使用 Webpack 來說明這個過程，首先進行 Webpack 和其命令列工具的安裝。

```
npm install -D webpack@5.21.2  webpack-cli@4.5.0
```

在 1.3 節中，我們學習了命令列 Webpack 打包命令 npx webpack --entry ./a.js -o dist，該命令指定了專案目錄下的 a.js 檔案作為打包入口檔案，將打包後的資源輸出到 dist 目錄下，a.js 檔案打包後檔案取預設名 main.js。

為了方便，我們在 package.json 檔案裡設定 scripts，現在只需要執行 npm run dev 命令，就會自動執行 webpack --entry ./a.js -o dist 命令，即可完成打包。

```
"scripts": {
  "dev": "webpack --entry ./a.js -o dist"
},
```

在我們這個例子裡，前端專案入口檔案是 a.js，我們只需要在 a.js 檔案最上方加入這行程式碼。

```
import './polyfill.js';
```

然後執行 npm run dev 命令，就可以把 polyfill 打包到我們最終生成的檔案裡（我們需要提前在對應的檔案目錄裡存放 polyfill.js 檔案）。

現在，我們把 index.html 檔案使用的 a.js 檔案改成轉碼生成的 main.js 檔案，然後在 Firefox 27 瀏覽器裡打開該檔案，可以看到主控台顯示已經正常。

▌ 3. 在前端專案的入口檔案裡引入 @babel/polyfill

書附程式範例是 babel10-2。

該方法屬於使用未建構的需要安裝 npm 套件的 @babel/polyfill，其實整個過程和上面的例子非常像，不一樣的地方如下。

❶ a.js 檔案裡的

```
import './polyfill.js';
```

需要修改成

```
import '@babel/polyfill';
```

❷ 刪除專案目錄下的 polyfill.js 檔案，同時安裝 @babel/polyfill 這個
npm 套件。

```
npm install --save @babel/polyfill@7.12.1
```

除了這兩點，其餘的地方和上面的例子完全相同。

執行 npm run dev 命令，然後和之前一樣在 Firefox 27 瀏覽器裡打開進
行驗證，發現使用 @babel/polyfill 可以使 Promise 正常執行。

4. 在前端專案的入口檔案裡引入 core-js/stable 與 regenerator-runtime/ runtime

書附程式範例是 babel10-3。

該方法屬於使用未建構的需要安裝 npm 套件的 @babel/polyfill 的組合
子套件，我們仍以目前業界最流行的 Webpack 建構工具為例說明該方
法。後續預設使用的是 Webpack 建構工具。

該方法需要我們單獨安裝 core-js 與 regenerator-runtime 這兩個 npm
套件，這種方法下的 core-js 預設是 3.x.x 版本的。

需要注意的是，我們使用該方法的時候，不能再安裝 @babel/
polyfill 了。因為在安裝 @babel/polyfill 的時候，會自動把 core-js 與
regenerator-runtime 這兩個依賴檔案安裝上，而 @babel/polyfill 使用
的 core-js 已經鎖死為 2.x.x 版本。core-js 的 2.x.x 版本裡並沒有 stable
檔案目錄，所以安裝 @babel/polyfill 後再引入 core-js/stable 時會顯示
出錯。

其實這個方法和上面的例子也非常像，就是把一個 npm 套件換成兩個而
已。不一樣的地方具體如下。

❶ a.js 檔案裡的

```
import '@babel/polyfill';
```

需要修改成

```
import "core-js/stable";
import "regenerator-runtime/runtime";
```

❷ 安裝兩個 npm 套件 core-js 和 regenerator-runtime。

```
npm install --save core-js@3.6.5 regenerator-runtime@0.13.5
```

替換之前安裝的 @babel/polyfill。

執行 npm run dev 命令，然後與之前一樣在 Firefox 27 瀏覽器裡打開進行驗證，發現該方法可以使 Promise 正常執行。

5. 在前端專案建構工具的設定檔入口項裡引入 polyfill.js 檔案

書附程式範例是 babel10-4。

本節使用的前端建構工具仍然是 Webpack，與之前不同的是，現在我們要使用 Webpack 的設定檔。Webpack 的設定檔有多種類型，我們在此使用 webpack.config.js 檔案，其他類型的 Webpack 設定檔與其處理方法類似。

因為要在 Webpack 設定檔裡指定入口檔案，我們就不手動使用 webpack --entry ./a.js -o dist 命令來進行打包了，而是在 webpack.config.js 裡進行以下設定。

```
const path = require('path');

module.exports = {
  entry: ['./a.js'],
  output: {
    filename: 'main.js',
    path: path.resolve(__dirname, 'dist')
  },
  mode: 'development'
};
```

Webpack 設定檔的入口項是 entry，這裡 entry 的值被我們設定成陣列，a.js 就是入口檔案。然後，將 package.json 檔案裡的 dev 命令改為以下內容。

```
"scripts": {
  "dev": "webpack"
},
```

現在我們執行 npm run dev 命令，Webpack 就完成了打包。我們在 index.html 檔案裡直接引用 main.js 檔案，Firefox 27 瀏覽器會顯示出錯。顯示出錯的原因我們在之前就已經知道，是因為沒有使用 polyfill。

那麼，在前端專案建構工具的設定檔入口項裡引入 polyfill.js 檔案，該怎樣操作呢？

其實很簡單，那就是把陣列的第一項改成 './polyfill.js'，將原先的入口檔案作為陣列的第二項，polyfill 就會被打包到我們生成後的檔案裡了。

```
const path = require('path');

module.exports = {
```

```
  entry: ['./polyfill.js', './a.js'],
  output: {
    filename: 'main.js',
    path: path.resolve(__dirname, 'dist')
  },
  mode: 'development'
};
```

現在再執行 npm run dev 命令進行打包，這時 index.html 檔案就不會在 Firefox 27 瀏覽器裡顯示出錯了。

6. 在前端專案建構工具的設定檔入口項裡引入 @babel/polyfill

書附程式範例是 babel10-5。

如果讀者對之前講的方法都能了解的話，那麼也能很容易了解該方法。該方法就是把上一個方法的 entry 陣列的第一項換成 @babel/polyfill，並且安裝 @babel/polyfill 套件就可以了。

```
npm install --save @babel/polyfill@7.12.1
```

webpack.config.js 檔案的內容如下。

```
const path = require('path');

module.exports = {
  entry: ['@babel/polyfill', './a.js'],
  output: {
    filename: 'main.js',
    path: path.resolve(__dirname, 'dist')
  },
  mode: 'development'
};
```

現在再執行 npm run dev 命令進行打包，這時 index.html 檔案就不會在 Firefox 27 瀏覽器裡顯示出錯了。

▌ 7. 在前端專案建構工具的設定檔入口項裡引入 core-js/stable 與 regenerator-runtime/runtime

書附程式範例是 babel10-6。

其實這個方法與上面的例子也非常像，就是把一個 npm 套件換成兩個而已。我們需要做的就是安裝兩個 npm 套件。

```
npm install --save core-js@3.6.5 regenerator-runtime@0.13.5
```

然後將 webpack.config.js 檔案的 entry 陣列的前兩項改為 core-js/stable 和 regenerator-runtime/runtime。

```
const path = require('path');

module.exports = {
  entry: ['core-js/stable', 'regenerator-runtime/runtime', './a.js'],
  output: {
    filename: 'main.js',
    path: path.resolve(__dirname, 'dist')
  },
  mode: 'development'
};
```

現在再執行 npm run dev 命令進行打包，這時 index.html 檔案就可以在 Firefox 27 瀏覽器裡正常執行了。

從 Babel 7.4 開始，官方就不推薦使用 @babel/polyfill 了，因為 @babel/polyfill 本身其實就是兩個 npm 套件 core-js 與 regenerator-runtime 的集合。

官方推薦直接使用這兩個 npm 套件。在寫作本書時，@babel/polyfill 已經不再支援進行版本升級，因為其使用的 core-js 套件為 2.x.x 版本，而 core-js 套件本身已經發佈到了 3.x.x 版本。新版本的 core-js 套件實現了許多新的功能，例如陣列的 includes 方法等。

雖然從 Babel 7.4 開始，官方就不推薦使用 @babel/polyfill 了，但我們仍然在本節中對傳統 @babel/polyfill 的使用方法進行了講解，這對於了解 polyfill 的使用方法是非常有幫助的。

ES6 補齊 API 的方法，除了上述幾種在前端專案入口檔案或建構工具的設定檔裡使用 polyfill（或其子套件）的方法，還有使用 Babel 預設或外掛程式進行補齊 API 的方法。

上述使用 polyfill 的方法，是把整個 npm 套件或 polyfill.js 檔案放到了我們最終的專案裡。完整的 polyfill 檔案非常大，會影響到頁面的載入時間。

如果我們的執行環境已經實現了部分 ES6 的功能，那麼實在沒有必要引入整個 polyfill。我們可以將其部分引入，這時需要使用 Babel 預設或外掛程式來進行部分引入的處理。

Babel 預設或外掛程式不僅可以補齊 API，還可以對 API 進行轉換，這些使用方法將在後面兩節進行講解。

本節對使用 polyfill 進行了詳細的梳理與講解，對每一種使用方法都進行了說明，並配有程式以便大家了解。

這麼多的方法，在實際開發中該選擇哪一種呢？從 Babel 7.4 版本開始，Babel 官方就不推薦使用 @babel/polyfill 了，這也包括官方的 polyfill.js 函數庫檔案。因此，從 2019 年年中開始，新專案都應該使用 core-js 和 regenerator-runtime 這兩個套件。也就是我們應該選擇方法

4 與方法 7。這兩種方法都是把兩個 npm 套件全部引入前端打包後的檔案裡，對於部分引入的方法，我們將在後面兩節進行講解。

★注意

polyfill 這個名詞，現在有多種含意。可以是指 polyfill.js，可以是指 babel-polyfill，也可以是指 @babel/polyfill，還可以是指 core-js 和 regenerator-runtime 等。我們應該根據上下文來了解其具體代表含意。整體來說，提到 polyfill 這個詞時，一般指的是我們在開發過程中需要對環境的缺失 API 特性提供支援。

10.5 @babel/preset-env

10.5.1 @babel/preset-env 簡介

在 Babel 6 版本裡，@babel/preset-env 的名字是 babel-preset-env，從 Babel 7 版本開始，統一使用名字 @babel/preset-env。本節單獨講解 @babel/ preset-env，不涉及 transform-runtime 的內容，兩者結合使用的內容會在學習了 transform-runtime 之後進行講解。

@babel/preset-env 是整個 Babel 大家族中最重要的預設。如果只能設定一個外掛程式或預設，而且要求能完成現代 JS 專案所需的所有轉碼要求，那麼一定非 @babel/preset-env 莫屬。

在使用它之前，需要先安裝。

```
npm install --save-dev @babel/preset-env@7.13.10
```

@babel/preset-env 是 Babel 6 時期 babel-preset-latest 的增強版。該
預設除了包含所有穩定的轉碼外掛程式，還可以根據我們設定的目標環
境進行針對性轉碼。

在 9.2 節中，我們簡單使用過 @babel/preset-env 的語法轉換功能。除
了進行語法轉換，該預設還可以透過設定參數進行針對性語法轉換及實
現 polyfill 的部分引入。

10.5.2 @babel/preset-env 等值設定

對於預設，當我們不需要對其設定參數的時候，只需要把該預設的名字
放入 presets 陣列裡即可。

```
module.exports = {
  presets: ["@babel/env"],
  plugins: []
}
```

以上 @babel/env 是 @babel/preset-env 的簡寫。

如果需要對某個預設設定參數，該預設就不能以字串形式直接放在
presets 陣列中，而是應該再包裝一層陣列，陣列的第一項是該預設名
稱串，陣列的第二項是該預設的參數物件。如果該預設沒有參數需要設
定，則陣列的第二項可以是空白物件或直接不寫第二項。以下幾種寫法
是等值的。

```
module.exports = {
  presets: ["@babel/env"],
  plugins: []
}// 第一種寫法
module.exports = {
```

```
  presets: [["@babel/env", {}]],
  plugins: []
}// 第二種寫法
module.exports = {
  presets: [["@babel/env"]],
  plugins: []
}// 第三種寫法
```

10.5.3 @babel/preset-env 與 browserslist

如果讀者使用過 Vue 或 React 的官方腳手架 cli 工具，一定會在其 package.json 檔案裡看到 browserslist 項，下面是其設定的例子。

```
"browserslist": [
  "> 1%",
  "not ie <= 8"
]
```

上面設定的含義是，該開發專案的目標環境是市佔率大於 1% 的瀏覽器並且不考慮 IE 8 及以下的 IE 瀏覽器。browserslist 為目標環境設定表，除了寫在 package.json 檔案裡，也可以單獨寫在專案目錄下的 .browserslistrc 檔案裡。我們用 browserslist 來指定程式最終要執行在哪些瀏覽器或 Node.js 環境裡。Autoprefixer、PostCSS 等可以根據我們設定的 browserslist，來自動判斷是否要增加 CSS 字首（如 '-webkit-'）。Babel 也可以使用 browserslist，如果你使用了 @babel/preset-env 預設，此時 Babel 就會讀取 browserslist 的設定。

如果我們不為 @babel/preset-env 設定任何參數，Babel 就會完全根據 browserslist 的設定來做語法轉換。如果沒有 browserslist，那麼 Babel 就會把所有 ES6 的語法轉換成 ES5 的語法。

在本書最初的例子裡，我們沒有 browserslist，並且 @babel/preset-env 的參數為空，ES6 箭頭函數語法就被轉換成了 ES5 的函數定義語法。

轉換前：

```
var fn = (num) => num + 2;
```

轉換後：

```
"use strict";
var fn = function fn(num) {
  return num + 2;
};
```

如果我們在 browserslist 裡指定目標環境是 Chrome 60 瀏覽器，再來看一下轉換結果，書附程式範例是 babel10-7。

```
"browserslist": [
  "chrome 60"
]
```

轉換後：

```
"use strict";

var fn = num => num + 2;
```

我們發現轉換後的程式仍然是箭頭函數，因為 Chrome 60 瀏覽器已經實現了箭頭函數語法，所以不會轉換成 ES5 的函數定義語法。

現在我們把 Chrome 60 瀏覽器改成 Chrome 38 瀏覽器，再看看轉換後的結果，書附程式範例是 babel10-8。

```
"browserslist": [
  "chrome 38"
]
```

轉換後：

```
"use strict";

var fn = function fn(num) {
  return num + 2;
};
```

我們發現轉換後的程式是 ES5 的函數定義語法，因為 Chrome 38 瀏覽器不支援箭頭函數語法，所以 Babel 進行了轉碼。

注意，Babel 使用的 browserslist 的設定功能依賴於 @babel/preset-env，如果 Babel 沒有設定任何預設或外掛程式，那麼 Babel 不會對要轉換的程式做任何處理，會原封不動地生成與轉換前一樣的程式。

既然 @babel/preset-env 可以透過 browserslist 針對目標環境不支援的語法進行語法轉換，那麼其是否也可以對目標環境不支援的特性 API 進行部分引用呢？這樣我們就不用把完整的 polyfill 全部引入最終的檔案，進而可以大大減小檔案體積。

答案是可以的，但需要對 @babel/preset-env 的參數進行設定，這是我們接下來要講解的內容。

10.5.4 @babel/preset-env 的參數

@babel/preset-env 的參數有十多個，但大部分參數不是用不到，就是已經或將要被棄用。這裡建議大家重點掌握幾個參數，有的放矢。重點要學習的參數有 targets、useBuiltIns、corejs 和 modules。

▌ 1. targets

參數 targets 的作用與 browserslist 很像，它用來設定 Babel 轉碼的目標環境。

該參數的設定值可以是字串、字串陣列或物件，不設定參數值的時候取預設值空白物件 {}。

該參數的寫法與 browserslist 是一樣的，下面是一個例子。

```
module.exports = {
  presets: [["@babel/env", {
    targets: {
      "chrome": "58",
      "ie": "11"
    }
  }]],
  plugins: []
}
```

如果我們對 @babel/preset-env 的 targets 參數進行了設定，那麼 Babel 轉碼時就不會使用 browserslist 的設定，而是使用 targets 的設定。如果不設定 targets，那麼就會使用 browserslist 的設定。如果不設定 targets，browserslist 中也沒有設定，那麼 @babel/preset-env 就將所有 ES6 語法轉換成 ES5 語法。

正常情況下，我們推薦使用 browserslist 的設定而很少單獨設定 @babel/preset-env 的 targets 參數。

▌ 2. useBuiltIns

useBuiltIns 參數的設定值可以是 usage、entry 或 false。如果不設定該參數，則取預設值 false。

useBuiltIns 參數主要與 polyfill 的行為有關。在我們沒有設定該參數或參數值為 false 的時候，polyfill 就是 10.4 節講的那樣，會被全部引入最終的程式。

在 useBuiltIns 的設定值為 entry 或 usage 的時候，會根據設定的目標環境找出需要的 polyfill 進行部分引入。

在 useBuiltIns 的設定值為 entry 時，Babel 可以針對目標環境缺失的 API 進行部分引入；而在設定值為 usage 時，Babel 除了會考慮目標環境缺失的 API 模組，也會考慮我們專案程式裡使用到的 ES6 特性。只有當我們使用到的 ES6 特性 API 在目標環境下缺失的時候，Babel 才會引入 core-js 的 API 來補齊模組。

下面讓我們透過實際的例子來學習這兩個參數值在使用上的不同之處。

❶ useBuiltIns 的設定值為 entry
書附程式範例是 babel10-9。

轉換前的 a.js 檔案的內容如下。

```js
import '@babel/polyfill';

var promise = Promise.resolve('ok');
console.log(promise);
```

該檔案用 import 語法引入了 polyfill。此時 Babel 的設定檔內容如下。

```
module.exports = {
  presets: [["@babel/env", {
    useBuiltIns: "entry"
  }]],
  plugins: []
}
```

接下來安裝需要使用的 npm 套件。

```
npm install --save-dev @babel/cli@7.13.10 @babel/core@7.13.10  @babel/
preset-env@7.13.10
npm install --save @babel/polyfill@7.12.1
```

我們指定目標環境是 Firefox 58 瀏覽器，package.json 檔案裡的 browserslist 設定如下。

```
"browserslist": [
  "firefox 58"
]
```

現在使用 npx babel a.js -o b.js 命令進行轉碼。

轉換後的 b.js 檔案內容如下。

```
"use strict";

require("core-js/modules/es7.array.flat-map.js");

require("core-js/modules/es6.array.iterator.js");

require("core-js/modules/es6.array.sort.js");
```

```
require("core-js/modules/es7.object.define-getter.js");

require("core-js/modules/es7.object.define-setter.js");

require("core-js/modules/es7.object.lookup-getter.js");

require("core-js/modules/es7.object.lookup-setter.js");

require("core-js/modules/es7.promise.finally.js");

require("core-js/modules/es7.symbol.async-iterator.js");

require("core-js/modules/es7.string.trim-left.js");

require("core-js/modules/es7.string.trim-right.js");

require("core-js/modules/web.timers.js");

require("core-js/modules/web.immediate.js");

require("core-js/modules/web.dom.iterable.js");

var promise = Promise.resolve('ok');
console.log(promise);
```

可以看到，Babel 針對 Firefox 58 瀏覽器不支援的 API 特性進行了引用，一共引入了 14 個 core-js 的 API 補齊模組（模組數量會因使用的 npm 套件版本不同等因素而有所差異）。同時也可以看到，因為 Firefox 58 瀏覽器已經支持大部分的 Promise 特性，所以沒有引入 Promise 基礎的 API 補齊模組。讀者可以試著修改 browserslist 裡 Firefox 瀏覽器的版本，修改成版本 26 後，引入的 API 模組數量將大大增多，使用寫作本書時的 npm 版本，轉碼後引入的 API 模組有上百個之多。

❷ useBuiltIns 的設定值為 usage

書附程式範例是 babel10-10。

usage 在 Babel 7.4 版本之前一直是試驗性的，7.4 之後的版本中才穩定下來。

這種方法不需要我們在入口檔案（以及 Webpack 的 entry 入口等）裡引入 polyfill，Babel 發現 useBuiltIns 的值是 usage 時，會自動進行 polyfill 的引入。

需要轉換的檔案仍然是 a.js。

```
var promise = Promise.resolve('ok');
console.log(promise);
```

Babel 設定檔的內容如下。

```
module.exports = {
  presets: [["@babel/env", {
    useBuiltIns: "usage"
  }]],
  plugins: []
}
```

接下來，安裝需要使用的 npm 套件。

```
npm install --save-dev @babel/cli@7.13.10 @babel/core@7.13.10  @babel/
preset-env@7.13.10
npm install --save @babel/polyfill@7.12.1
```

我們指定目標環境是 Firefox 27 瀏覽器，package.json 檔案裡的 browserslist 設定如下。

```
"browserslist": [
  "firefox 27"
]
```

使用 npx babel a.js -o b.js 命令進行轉碼。

下面是轉換後的 b.js 檔案的內容。

```
"use strict";

require("core-js/modules/es6.object.to-string.js");

require("core-js/modules/es6.promise.js");

var promise = Promise.resolve('ok');
console.log(promise);
```

觀察轉換後的程式，我們發現引人的 core-js 的 API 補齊模組非常少，只有兩個。這是為什麼呢？

因為我們的程式裡使用的 Firefox 27 瀏覽器不支援的特性 API 只有 Promise 這一個，使用 useBuiltIns:"usage" 後，Babel 除了會考慮目標環境缺失的 API 模組，同時也會考慮我們專案程式裡使用的 ES6 特性。只有當我們使用的 ES6 特性 API 在目標環境下缺失的時候，Babel 才會引入 core-js 的 API 補齊模組。

這時我們就看出了 entry 與 usage 這兩個參數值的區別：entry 這種方法不會根據我們實際用到的 API 針對性地引入 polyfill，而 usage 可以做到這一點。另外，在使用的時候，entry 需要我們在專案入口處手動引入 polyfill，而 usage 不需要。

需要注意的是，使用 entry 這種方法的時候，只能執行一次 import polyfill，一般都是在入口檔案中進行的。如果要執行多次 import，則會發生錯誤。

▎ 3. corejs

該參數的設定值可以是 2 或 3，在不設定的時候，取預設值 2（其實還有一種物件 proposals 設定值方法，我們實際中用不到，故本書不進行講解）。這個參數只有在將 useBuiltIns 設定為 usage 或 entry 時才會生效。

corejs 取預設值的時候，Babel 轉碼時使用的是 core-js@2 版本（即 core-js 2.x.x）。因為某些新 API 只有在 core-js@3 裡才有，例如陣列的 flat 方法。當我們需要使用 core-js@3 的 API 模組進行補齊時，我們就把該參數設定為 3。

需要注意的是，corejs 設定值為 2 的時候，需要安裝並引入 core-js@2 版本，或直接安裝並引入 polyfill 也可以。如果 corejs 設定值為 3，則必須安裝並引入 core-js@3 版本才可以，否則 Babel 會轉換失敗並提示。

```
`@babel/polyfill` is deprecated. Please, use required parts of `core-
js` and `regenerator-runtime/runtime` separately
```

▎ 4. modules

這個參數的設定值可以是 amd、umd、systemjs、commonjs、cjs、auto、false。在不設定的時候，取預設值 auto。該參數用於設定是否把 ES6 的模組化語法轉換成其他模組化語法。

我們常見的模組化語法有兩種：❶ ES6 的模組法語法，用的是 import
與 export；❷ commonjs 的模組化語法，用的是 require 與 module.
exports。

在該參數值是 auto 或不設定的時候，會發現我們轉換後的程式裡
import 都被轉換成 require 了。

如果我們將該參數改成 false，那麼就不會對 ES6 模組化進行轉換，還
是使用 import 引入模組。

使用 ES6 模組化語法有什麼好處呢？在使用 Webpack 一類的建構工具
時，可以更進一步地進行靜態分析，從而可以做 Tree Shaking 等最佳
化措施。

10.6 @babel/plugin-transform-runtime

本節主要講解 @babel/plugin-transform-runtime 及 @babel/runtime 的
使用方法。

10.6.1 @babel/runtime 與輔助函數

在我們使用 Babel 做語法轉換的時候（注意，這裡單純地進行了語法
轉換，暫時不使用 polyfill 補齊 API），需要 Babel 在轉換後的程式裡
注入一些函數，然後才能正常執行。先看一個例子，書附程式範例是
babel10-11。

Babel 設定檔如下，用 @babel/preset-env 做語法轉換。

```
{
  "presets": [
    "@babel/env"
  ],
  "plugins": [

  ]
}
```

轉換前的程式使用了 ES6 的 class 類別語法。

```
class Person {
  sayname() {
    return 'name'
  }
}

var john = new Person()
console.log(john)
```

Babel 轉碼生成的程式如下。

```
"use strict";

function _classCallCheck(instance, Constructor) { if (!(instance
instanceof Constructor)) { throw new TypeError("Cannot call a class as
a function"); } }

function _defineProperties(target, props) { for (var i = 0; i <
props.length; i++) { var descriptor = props[i]; descriptor.enumerable
= descriptor.enumerable || false; descriptor.configurable = true;
if ("value" in descriptor) descriptor.writable = true; Object.
defineProperty(target, descriptor.key, descriptor); } }
```

```
function _createClass(Constructor, protoProps, staticProps) { if
(protoProps) _defineProperties(Constructor.prototype, protoProps);
if (staticProps) _defineProperties(Constructor, staticProps); return
Constructor; }

var Person = /*#__PURE__*/function () {
  function Person() {
    _classCallCheck(this, Person);
  }

  _createClass(Person, [{
    key: "sayname",
    value: function sayname() {
      return 'name';
    }
  }]);

  return Person;
}();

var john = new Person();
console.log(john);
```

可以看到，轉換後的程式增加了好幾個函數宣告，這些函數是 Babel 轉碼時注入的，我們稱之為輔助函數。@babel/preset-env 在做語法轉換的時候，注入了這些函數宣告，以便語法轉換後使用。

但這樣做存在一個問題。在我們正常地進行前端專案開發的時候，少則有幾十個 JS 檔案，多則有上千個。如果每個檔案裡都使用了 class 類別語法，那麼會導致每個轉換後的程式上部都會注入這些相同的函數宣告。這會導致我們用建構工具打包出來的套件體積非常大。

那麼應該怎麼辦呢？一個想法就是，我們把這些函數宣告都放在一個 npm 套件裡，需要使用的時候直接從這個套件裡引入我們的檔案。這樣即使有上千個檔案，也會從相同的套件裡引入這些函數。使用 Webpack 這一類的建構工具進行打包時，我們只需要引入一次 npm 套件裡的函數，這樣就做到了重複使用，減小了套件的體積。

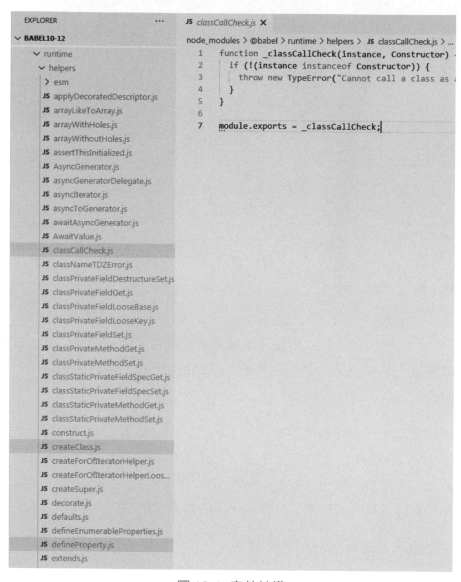

圖 10-1 套件結構

@babel/runtime 就是上面說的這個 npm 套件，@babel/runtime 把所有語法轉換會用到的輔助函數都集中在了一起。接下來，我們將使用 @babel/runtime，書附程式範例是 babel10-12。

我們先安裝相關的 npm 套件。

```
npm install --save @babel/runtime@7.12.5
npm install --save-dev @babel/cli@7.13.10 @babel/core@7.13.10  @babel/
preset-env@7.13.10
```

然後到 node_modules 目錄下看一下這個套件的結構，如圖 10-1 所示。

_classCallCheck、_defineProperties 與 _createClass 這三個輔助函數就在圖 10-1 中灰底突出顯示的位置，我們直接引入即可。

我們手動將輔助函數的函數宣告替換掉，之前檔案的程式就變成了以下這樣。

```
"use strict";

var _classCallCheck = require("@babel/runtime/helpers/classCallCheck");
var _defineProperties = require("@babel/runtime/helpers/
defineProperties");
var _createClass = require("@babel/runtime/helpers/createClass");

var Person = /*#__PURE__*/function () {
  function Person() {
    _classCallCheck(this, Person);
  }

  _createClass(Person, [{
    key: "sayname",
    value: function sayname() {
      return 'name';
```

```
    }
  }]);

  return Person;
}();

var john = new Person();
console.log(john);
```

這樣就解決了程式重複使用和最終檔案體積大的問題。不過,這麼多輔
助函數要一個個記住並手動引入,是很難做到的。這時 Babel 外掛程式
@babel/plugin-transform-runtime 就可以用來幫我們解決這個問題。

10.6.2 @babel/plugin-transform-runtime 與輔助
函數的自動引入

@babel/plugin-transform-runtime 有三大作用,其中之一就是自動
移除語法轉換後內聯的輔助函數(inline Babel helpers),而是使用
@babel/runtime/helpers 裡的輔助函數來替代,這樣就減少了我們手動
引入的麻煩。本節書附程式範例是 babel10-13。

現在我們除了安裝 @babel/runtime 套件提供輔助函數模組,還要安裝
Babel 外掛程式 @babel/plugin-transform-runtime 來自動替換輔助函
數。

```
npm install --save @babel/runtime@7.12.5
npm install --save-dev @babel/cli@7.13.10 @babel/core@7.13.10  @babel/
preset-env@7.13.10 @babel/plugin-transform-runtime@7.13.10
```

現在,將 Babel 的設定檔修改為以下這樣。

```
{
  "presets": [
    "@babel/env"
  ],
  "plugins": [
    "@babel/plugin-transform-runtime"
  ]
}
```

轉換前的 a.js 檔案的內容如下。

```
class Person {
  sayname() {
    return 'name'
  }
}

var john = new Person()
console.log(john)
```

執行 npx babel a.js -o b.js 命令後，轉換後的 b.js 檔案的內容如下。

```
"use strict";

var _interopRequireDefault = require("@babel/runtime/helpers/
interopRequireDefault");

var _classCallCheck2 = _interopRequireDefault(require("@babel/ runtime/
helpers/classCallCheck"));

var _createClass2 = _interopRequireDefault(require("@babel/runtime/
helpers/createClass"));

var Person = /*#__PURE__*/function () {
  function Person() {
```

```
    (0, _classCallCheck2["default"])(this, Person);
  }

  (0, _createClass2["default"])(Person, [{
    key: "sayname",
    value: function sayname() {
      return 'name';
    }
  }]);
  return Person;
}();

var john = new Person();
console.log(john);
```

可以看到，生成的程式裡自動引入了輔助函數，並且比我們手動引入 @babel/runtime 裡的輔助函數更加美觀。實際進行前端開發時，我們除了安裝 @babel/runtime 套件，基本也會安裝 @babel/plugin-transform-runtime 這個 Babel 外掛程式。

★注意

既然每個轉換後的程式上部都會注入一些相同的函數宣告，那麼為何不用 Webpack 一類的建構工具去掉重複的函數宣告，而是單獨引入一個輔助函數套件呢？

這是因為 Webpack 在建構的時候，是基於模組來做去重工作的。每一個函數宣告都是參考類型，在堆積記憶體不同的空間存放，缺少唯一的位址來找到它們。所以 Webpack 本身做不到把每個檔案中的相同函數宣告去重。因此，我們需要單獨的輔助函數套件，這樣 Webpack 打包的時候會基於模組來做去重工作。

10.6.3 @babel/plugin-transform-runtime 與 API 轉換

@babel/plugin-transform-runtime 有以下三大作用。

❶ 作用一：自動移除語法轉換後內聯的輔助函數（inline Babel helpers），而是使用 @babel/runtime/helpers 裡的輔助函數來替代。

❷ 作用二：當程式裡使用了 core-js 的 API 時，自動引入 @babel/runtime- corejs3/core-js-stable/，以此來替代全域引入的 core-js/stable。

❸ 作用三：當程式裡使用了 Generator/async 函數時，自動引入 @babel/runtime/ regenerator，以此來替代全域引入的 regenerator-runtime/runtime。

其中作用一已經在 10.6.2 節進行了講解，接下來我們著重學習作用二和作用三。

作用二和作用三其實都是在做 API 轉換，目的是對內建物件進行重新命名，以防止干擾全域環境。

在 10.4 節中，我們學習了引入 babel-polyfill（或 core-js/stable）與 regenerator- runtime/runtime 來做全域的 API 補齊。但這時可能產生一個問題，那就是對執行環境產生污染。例如 Promise，我們的 polyfill 對瀏覽器的全域物件進行了重新設定值，我們重新定義了 Promise 及其原型鏈。

有時候，我們不想改變或補齊瀏覽器的 window.Promise，那麼就不能使用 babel-polyfill（或 core-js/stable）與 regenerator-runtime/runtime，因為其會對瀏覽器環境產生干擾（即修改了瀏覽器的 window.Promise）。

這時我們就可以使用 @babel/plugin-transform-runtime，它可以對我們程式裡 ES6 的 API 進行轉換。下面還是以 Promise 為例進行講解。

Babel 轉換前的程式如下。

```
var obj = Promise.resolve();
```

若 使 用 babel-polyfill（ 或 core-js/stable） 與 regenerator-runtime/runtime 來做全域的 API 補齊，那麼 Babel 轉換後的程式仍然如下。

```
var obj = Promise.resolve();
```

polyfill 只是補齊了瀏覽器的 window.Promise 物件。

若我們不使用 polyfill，而是開啟 @babel/plugin-transform-runtime 的 API 轉換功能。那麼 Babel 轉換後的程式如下。

```
var _interopRequireDefault = require("@babel/runtime-corejs3/helpers/
interopRequireDefault");

var _promise = _interopRequireDefault(require("@babel/ runtime-corejs3/
core-js-stable/promise"));

var obj = _promise["default"].resolve();
```

可以看到，@babel/plugin-transform-runtime 把我們程式裡的 Promise 變成了 _promise["default"]，而 _promise["default"] 擁有了 ES 標準裡 Promise 的所有功能。現在，即使瀏覽器沒有 Promise，我們的程式也能正常執行。

開啟 core-js 相關 API 轉換功能的 Babel 設定與安裝的 npm 套件如下，書附程式範例是 babel10-14。

```
{
  "presets": [
    "@babel/env"
  ],
  "plugins": [
    ["@babel/plugin-transform-runtime", {
      "corejs": 3
    }]
  ]
}
```

別忘了安裝 Babel 相關的 npm 套件。

```
npm install --save @babel/runtime-corejs3@7.13.10
npm install --save-dev @babel/cli@7.13.10 @babel/core@7.13.10  @babel/
preset-env@7.13.10 @babel/plugin-transform-runtime@7.13.10
```

那麼，上面講解的 API 轉換有什麼用呢？明明透過 polyfill 補齊 API 的方法也可以使程式在瀏覽器裡正常執行。其實，API 轉換主要是給開發 JS 函數庫或 npm 套件的人使用的，前端專案裡一般仍然使用 polyfill 來補齊 API。

可以想像，如果開發 JS 函數庫的人使用 polyfill 來補齊 API，前端專案裡也使用 polyfill 來補齊 API，但 JS 函數庫的 polyfill 版本或內容與前端專案裡的不一致，那麼在我們引入該 JS 函數庫後很可能會導致我們的前端專案出問題。所以，開發 JS 函數庫或 npm 套件的人會用到 API 轉換功能。

當然，前端專案開發的時候也可以使用 @babel/plugin-transform-runtime 的 API 轉換功能，畢竟這樣做不會干擾全域環境，不會有任何衝突。@babel/plugin-transform-runtime 在預設設定下，就是對 Generators/async 開啟了 API 轉換功能。

細心的讀者可能已經發現，我們安裝 npm 套件的時候，安裝的是 @babel/runtime-corejs3，而在 10.6.2 節中我們安裝的是 @babel/runtime。這兩者有什麼不同呢？

在我們不需要開啟 core-js 相關 API 轉換功能的時候，我們只需要安裝 @babel/runtime 就可以了。透過 10.6.2 節我們已經知道，@babel/runtime 裡存放的是 Babel 做語法轉換的輔助函數。

在我們需要開啟 core-js 相關 API 轉換功能的時候，需要安裝 @babel/runtime 的進化版本 @babel/runtime-corejs3。這個 npm 套件裡除了包含 Babel 做語法轉換的輔助函數，也包含 core-js 的 API 轉換函數。

除了這兩個套件，還有一個名為 @babel/runtime-corejs2 的套件。它和 @babel/runtime-corejs3 的功能是一樣的，只是裡面的函數是針對 core-js2 版本的函數。

上面的例子主要是用 Promise 來講解的，它屬於作用二，即對 core-js 的 API 進行轉換。其實了解了作用二，也就了解了作用三。下面簡單說一下作用三。

在之前的章節中，若轉換前程式裡有 Generator 函數或 async 函數，則轉換後需要引入 regenerator-runtime/runtime 做全域 API 補齊。

要做全域 API 補齊，必然會對瀏覽器的 window 物件進行修改，如果我們不想干擾 window，那麼我們就不能引入 regenerator-runtime/runtime。這時我們可以開啟 @babel/plugin-transform-runtime 的作用三，對 Generator/async 函數進行 API 轉換。需要注意的是，@babel/plugin-transform- runtime 對 Generator/async 函數進行 API 轉換的功能，預設是開啟的，不需要我們設定。

如何開啟或關閉 @babel/plugin-transform-runtime 的某個功能,除了與安裝的 npm 套件有關,也與 Babel 設定檔的設定有關,將在接下來的內容中進行講解。

> **★注意**
>
> 如果我們使用 @babel/plugin-transform-runtime 來做 polyfill 的事情,那麼就不要再使用之前講過的 polyfill 方式了,無論是單獨引入還是 @babel/preset-env 的方式都不要再使用,因為我們用 transform-runtime 來做 API 轉換的目的就是不干擾全域作用域,而使用 polyfill 的方式會干擾全域作用域。

10.6.4 @babel/plugin-transform-runtime 設定項目

上面我們講解了 @babel/plugin-transform-runtime 的三大作用,現在對 @babel/plugin -transform-runtime 的設定進行講解,這對讀者了解其使用方法會有所幫助。

@babel/plugin-transform-runtime 是否要開啟某功能,都是在設定項目裡設定的,某些設定需要安裝 npm 套件。

@babel/plugin-transform-runtime 在沒有設定設定項目的時候,其設定參數取預設值。下面的兩個設定作用是等效的。

```
{
  "plugins": [
    "@babel/plugin-transform-runtime"
  ]
}
// 是上方的預設值
```

```
{
  "plugins": [
    [
      "@babel/plugin-transform-runtime",
      {
        "helpers": true,
        "corejs": false,
        "regenerator": true,
        "useESModules": false,
        "absoluteRuntime": false,
        "version": "7.0.0-beta.0"
      }
    ]
  ]
}
```

▌ 1. helpers

該設定用來設定是否要自動引入輔助函數套件，我們當然要引入了，
這是 @babel/plugin-transform-runtime 的核心用途。該設定值是布林
值，我們設定為 true，其預設值也是 true，所以也可以不設定。

▌ 2. corejs 和 regenerator

這兩個設定用來設定是否做 API 轉換，以避免干擾全域環境，
regenerator 的設定值是布林值，corejs 的設定值是 false、2 或 3，
corejs 設定值為 2、3 的含義在 10.5.4 節中已經介紹過。而在前端專案
裡，我們一般設定 corejs 為 false，即不對 Promise 這一類的 API 進行
轉換。而在開發 JS 函數庫的時候將其設定為 2 或 3。regenerator 取預
設值 true 就可以。

3. useESModules

該設定用來設定是否使用 ES6 的模組化用法，設定值是布林值，預設值是 false，在用 Webpack 一類的建構工具時，我們可以將其設定為 true，以便做靜態分析。

4. absoluteRuntime

該設定用來自定義 @babel/plugin-transform-runtime 引入 @babel/runtime/ 模組的路徑規則，設定值是布林值或字串。一般沒有特殊需求時，我們不需要修改其值，保持預設值 false 即可。

5. version

該設定主要是和 @babel/runtime 及其進化版 @babel/runtime-corejs2、@babel/ runtime-corejs3 的版本編號有關係，我們只需要根據需要安裝這三個套件中的即可。我們把需要安裝的 npm 套件的版本編號設定給 version。舉例來說，在上面的例子裡，安裝的 @babel/runtime-corejs3 版本是 7.13.10，那麼設定 version 也取 7.13.10。其實該設定不填預設值就行，填寫版本編號主要是可以減小打包體積。

另外，在 Babel 6 版本中，該外掛程式還有兩個設定項目 polyfill 和 useBuiltIns，在 Babel 7 版本中它們已經移除了，大家不需要再使用。

本節介紹了 @babel/plugin-transform-runtime 外掛程式的使用方法，要使用該外掛程式，其實只有一個 npm 套件是必須要安裝的，那就是 @babel/plugin-transform-runtime 套件。

對於 @babel/runtime 及其進化版 @babel/runtime-corejs2、@babel/ runtime-corejs3，我們只需要根據自己的需要安裝一個即可。如果讀者

不需要對 core-js 做 API 轉換，那就安裝 @babel/runtime 並把 corejs 設定項目設定為 false。如果讀者需要用 core-js2 做 API 轉換，那就安裝 @babel/runtime-corejs2 並把 corejs 設定為 2。如果讀者需要用 core-js3 做 API 轉換，那就安裝 @babel/runtime-corejs3 並把 corejs 設定為 3。

★注意

❶ regenerator 的預設值為何是 true？ Babel 官方並未解釋為何預設值是 true，筆者的了解是，實現 Generator 與 async 函數轉換 API 的程式較少，而且也需要一些語法轉換，所以預設值設定為 true。如果將其設定為 false，則會干擾全域變數。

❷ 在安裝 @babel/preset-env 的時候，其實已經自動安裝了 @babel/runtime，不過在專案開發的時候，我們一般都會再單獨用 npm install 命令安裝一遍 @babel/runtime。

10.7 本章小結

在本章中，我們對 Babel 進行了深入講解。

本章主要內容包括 Babel 版本的變更、Babel 設定檔、預設與外掛程式的選擇等。@babel/polyfill、@babel/preset-env 與 @babel/plugin-transform-runtime 是掌握 Babel 使用方法的非常重要的三個 npm 套件，也是本章的核心內容。閱讀本章後，讀者會對 Babel 有一個深層的掌握。

Babel 工具

本章將對 Babel 常見的工具進行講解。

前面我們已經使用了 @babel/cli 與 @babel/core 這兩個 Babel 工具（每個 Babel 工具都是一個 npm 套件），但是沒有對它們進行詳細的講解。在本章中，我們除了會對它們做詳細的講解，還會介紹 @babel/node 這個 Babel 工具。

11.1 @babel/core

@babel/core 是使用 Babel 進行轉碼的核心 npm 套件，我們使用的 babel-cli、babel-node 都依賴於這個套件，我們在前端開發的時候，通常都需要安裝這個套件。

在我們的專案目錄裡，執行下面的命令來安裝 @babel/core。

```
npm install --save-dev @babel/core@7.13.10
```

對大部分開發者來説，這一節的知識到這裡就可以結束了，只需要知道 Babel 轉碼必須安裝這個套件即可。而下面的內容會講解 @babel/core 自身對外提供的 API。

無論我們是透過命令列轉碼，還是透過 Webpack 進行轉碼，底層都是透過 Node.js 來呼叫 @babel/core 相關功能的 API 來實現的。

我們來看一個例子，這個例子展示了 Node.js 是如何呼叫 @babel/core 的 API 來進行轉碼的，書附程式範例是 babel11-1。

我們先新建一個 index.js 檔案，該檔案程式如下所示，我們將使用 Node.js 來執行該檔案。

```
var babelCore = require("@babel/core");
var es6Code = 'var fn = (num) => num + 2';
var options = {
  presets: ["@babel/env"]
};
var result = babelCore.transform(es6Code, options);
console.log(result);
console.log('--------------');
console.log('--------------');
console.log(result.code);
```

下面對以上程式進行解釋。

在第 1 行，我們引入了 @babel/core 模組，並將模組輸出設定值給了變數 babelCore。第 2 行中的變數 es6Code 是一個字串，字串內容是一個箭頭函數，該字串內容是我們需要轉碼的程式，這個變數接下來會被傳遞給 transform 方法的第一個參數。

```
dell@dell-PC MINGW64 /d/mygit/webpack-babel/11/babel11-1 (main)
$ node index.js
{
  metadata: {},
  options: {
    assumptions: {},
    targets: {},
    cloneInputAst: true,
    babelrc: false,
    configFile: false,
    browserslistConfigFile: false,
    passPerPreset: false,
    envName: 'development',
    cwd: 'D:\\mygit\\webpack-babel\\11\\babel11-1',
    root: 'D:\\mygit\\webpack-babel\\11\\babel11-1',
    plugins: [
      [Plugin], [Plugin], [Plugin], [Plugin],
      [Plugin], [Plugin], [Plugin], [Plugin],
      [Plugin], [Plugin], [Plugin], [Plugin],
      [Plugin], [Plugin], [Plugin], [Plugin],
      [Plugin], [Plugin], [Plugin], [Plugin],
      [Plugin], [Plugin], [Plugin], [Plugin],
      [Plugin], [Plugin], [Plugin], [Plugin],
      [Plugin], [Plugin], [Plugin], [Plugin],
      [Plugin], [Plugin], [Plugin], [Plugin],
      [Plugin], [Plugin], [Plugin], [Plugin]
    ],
    presets: [],
    parserOpts: {
      sourceType: 'module',
      sourceFileName:          ,
      plugins: [Array]
    },
    generatorOpts: {
      filename:          ,
      auxiliaryCommentBefore:          ,
      auxiliaryCommentAfter:          ,
      retainLines:          ,
      comments: true,
      shouldPrintComment:          ,
      compact: 'auto',
      minified:          ,
      sourceMaps: false,
      sourceRoot:          ,
      sourceFileName: 'unknown',
      jsescOption: [Object]
    }
  },
  ast: null,
  code: '"use strict";\n\nvar fn = function fn(num) {\n  return num + 2;\n};',
  map: null,
  sourceType: 'script'
}
---------------
---------------
"use strict";

var fn = function fn(num) {
  return num + 2;
};
```

圖 11-1 主控台的輸出

第 3 行中的 options 是一個物件，可以看到它使用了 @babel/env 這個預設，這個物件接下來會被傳遞給 transform 方法的第二個參數。最後，我們呼叫 babelCore 的 transform 方法，把結果輸出到 Node.js 的主控台上。為了方便看輸出結果，中間用 '------' 隔開。

現在我們執行 node index.js 命令來使用 Node.js 手工轉碼。觀察主控台的輸出，可以發現呼叫 transform 方法後生成的結果是一個物件，該物件的 code 屬性值就是我們轉碼後的結果，如圖 11-1 所示。

以上就是 @babel/core 底層的呼叫過程。

transform 方法也可以有第三個參數，第三個參數是一個回呼函數，用來對轉碼後的物件進行進一步處理。@babel/core 除了 transform 這個 API，還有 transformSync、transformAsync 和 transformFile 等同步、非同步及對檔案進行轉碼的 API，這裡就不展開講了，用法和上面的 transform 方法大同小異。

11.2 @babel/cli

@babel/cli 是一個 npm 套件，安裝了它之後，我們就可以在命令列裡使用命令進行轉碼了。

11.2.1 @babel/cli 的安裝與轉碼

@babel/cli 的安裝方法有全域安裝和專案本地安裝兩種。

執行下面的命令可以進行全域安裝。

```
npm install --global @babel/cli
```

執行下面的命令可以進行專案本地安裝。

```
npm install --save-dev @babel/cli
```

@babel/cli 如果是全域安裝的,我們在命令列裡就要使用 babel 命令進行轉碼。如果是專案本地安裝的,我們在命令列裡就要使用 npx babel 命令進行轉碼。下面是一個基本例子,把 a.js 檔案轉碼為 b.js 檔案。

轉碼前需要先安裝 @babel/core,並設定好 Babel 的設定檔,根據實際開發需求完成即可。

現在來進行轉碼,在命令列裡轉碼有兩種方法,如下。

```
# @babel/cli 如果是全域安裝的
babel a.js -o b.js
# @babel/cli 如果是專案本地安裝的
npx babel a.js -o b.js
```

這兩種方法是等效的,正常情況下,我們推薦使用專案本地安裝。

11.2.2 @babel/cli 的常用命令

在我們平時開發中,常用的 @babel/cli 命令介紹如下。

▋ 1. 將轉碼後的程式輸出到 Node.js 的標準輸出串流

```
npx babel a.js
```

2. 將轉碼後的程式寫入一個檔案（上方剛使用過）中

```
npx babel a.js -o b.js
```

或

```
npx babel a.js --out-file b.js
```

其中，-o 是 --out-file 的簡寫。

3. 轉碼整個資料夾目錄

```
npx babel input -d output
```

或

```
npx babel input --out-dir output
```

其中，-d 是 --out-dir 的簡寫。

11.3 @babel/node

@babel/node 和 Node.js 的功能非常接近，@babel/node 的優點是在執行命令的時候可以設定 Babel 的編譯設定項目。如果遇到 Node.js 不支援的 ES6 語法，我們可以透過 @babel/node 來實現。

在 Babel 6 版本中，@babel/node 這個工具是 @babel/cli 附帶的，所以只要安裝了 @babel/cli，就可以直接使用 @babel/node。但在 Babel 7 版本中，我們需要單獨安裝該工具。本節書附程式範例是 babel11-2。

```
npm install --save-dev @babel/node@7.13.10
```

當然，在使用該工具之前，我們需要先安裝 @babel/core，並設定好
Babel 的設定檔，根據實際開發需求完成即可。

```
npm install --save-dev @babel/core@7.13.10
```

然後我們就可以用 @babel/node 的 babel-node 命令來執行 JS 檔案了。

index.js 檔案的內容如下。

```
var promise = Promise.resolve('ok')
console.log(promise)
```

然後執行命令。

```
npx babel-node index.js
```

現在可以看到命令列主控台輸出了 **Promise** 實例，如圖 **11-2** 所示。

```
D:\mygit\webpack-babel\11\babel11-2>npx babel-node index.js
Promise { 'ok' }
```

圖 11-2 命令列主控台

@babel/node 也可以像 Node.js 那樣進入 REPL 環境。在命令列下執行
下面的命令進入 REPL 環境。

```
npx babel-node
```

然後在 REPL 互動環境下輸入下面的內容。

```
> (x => x + 10)(5)
```

注意，**>** 是互動環境提示符號，不需要我們手動輸入。

輸入完成後，就可以看到主控台輸出結果為 15。

在做前端專案開發的時候，@babel/node 很少會用到。該工具執行的時候需要佔用大量的記憶體空間，Babel 官方不建議在生產環境中使用該工具。

11.4 本章小結

本章主要對 Babel 常見的幾個工具進行了講解。

@babel/cli 與 @babel/core 這兩個 Babel 工具是比較重要的，本書在進行 ES6 轉碼時都會使用這兩個工具。@babel/core 是使用 Babel 進行轉碼的核心 npm 套件，它提供了大量的轉碼 API。本章最後介紹了 @babel/node 這個 Babel 工具。

Chapter

12

Babel 原理與 Babel 外掛程式開發

本章講解 Babel 的原理及 Babel 外掛程式的開發。

　　Babel 轉碼主要包括三個階段，本章透過一個假想的轉碼器來模擬這三個階段的工作，進而幫助讀者了解 Babel 的工作原理。在了解了 Babel 的工作原理後，我們會動手撰寫 Babel 外掛程式。Babel 外掛程式的撰寫有一些固定的範本，本章將介紹其撰寫過程。

12.1 Babel 原理

12.1.1 Babel 轉碼過程

Babel 的轉碼過程主要由三個階段組成：解析（parse）、轉換（transform）和生成（generate）。這三個階段分別由 @babel/parser、@babel/core 和 @babel/generator 來完成。

下面我們以虛擬程式碼的方式來講解這個轉碼過程，透過一個假想的轉碼器來完成該工作。

轉換前的程式如下。

```
let name = 'Jack';
```

接下來，假想的轉碼器開始工作。

首先是解析階段，會將該程式解析成以下結構。

```
{
  " 識別符號 ": "let",
  " 變數名稱 ": "name",
  " 變數值 ": "Jack"
}
```

接下來做轉換階段的工作，我們發現識別符號 let 是 ES6 中的語法，於是把它轉換成 ES5 的 var，而其他部分保持不變，轉換後如下。

```
{
  " 識別符號 ": "var",
  " 變數名稱 ": "name",
  " 變數值 ": "Jack"
}
```

現在到了生成階段，我們把轉換後的結構還原成 JS 程式。

```
var name = 'Jack';
```

12.1.2 Babel 轉分碼析

上面我們以一個假想的轉碼器為例介紹了轉碼的三個階段，現在對這三個階段做進一步的講解。

▌ 1. 解析階段

該階段由 Babel 讀取原始程式並生成抽象語法樹（AST），該階段由兩部分組成：詞法分析與語法分析。詞法分析會將字串形式的程式轉換成 tokens 流，語法分析會將 tokens 流轉換成 AST。

```
Tree        JSON
☑ Autofocus  ☑ Hide methods  ☐ Hide empty keys  ☐ Hide location data  ☐
- Program    {
      type:  "Program"
      start:  0
      end:  18
    - body:    [
       - VariableDeclaration  {
            type:  "VariableDeclaration"
            start:  0
            end:  18
          - declarations:   [
            - VariableDeclarator  {
                  type:  "VariableDeclarator"
                  start:  4
                  end:  17
                - id: Identifier  {
                      type:  "Identifier"
                      start:  4
                      end:  8
                      name:  "name"
                  }
                - init: Literal  = $node {
                      type:  "Literal"
                      start:  11
                      end:  17
                      value:  "Jack"
                      raw:  "'Jack'"
                  }
              }
            ]
            kind:  "let"
         }
       ]
      sourceType:  "module"
}
```

圖 12-1 樹狀結構

所謂 AST，是指如圖 12-1 所示的樹狀結構，該圖由 AST explorer
生成。有多種工具可以生成 AST，Babel 7 之前的版本主要使用
Babylon，Babel 7 使用由 Babylon 發展而來的 @babel/parser 來進行
解析工作。

▋ 2. 轉換階段

上一個階段完成了解析工作，生成了 AST，AST 是一個樹狀的 JSON
結構。接下來就可以透過 Babel 外掛程式對該樹狀結構執行修改操作，
修改完成後就獲得了新的 AST。

▋ 3. 生成階段

透過轉換階段的工作，我們獲得了新的 AST。在生成階段，我們對 AST
的樹狀 JSON 結構進行還原操作，生成新的 JS 程式，通常這就是我們
需要的 ES5 程式。

以上三個階段的重點是第二個階段（轉換階段），該階段使用不同的
Babel 外掛程式會得到不同的 AST，也就表示最終會生成不同的 JS 程
式。在我們平時的開發工作中，主要工作也是選擇合適的 Babel 外掛程
式或預設。

12.2 Babel 外掛程式開發

12.1 節中我們學習了 Babel 的基本原理，本節我們將實際開發一個
Babel 轉碼外掛程式。

開發 Babel 轉碼外掛程式的重點是在第二階段（轉換階段），在這一階
段我們要從 AST 上找出需要轉換的節點，改成我們需要的形式，最後在
生成階段把 AST 變回 JS 程式。

12.2.1　撰寫簡單的 Babel 外掛程式

我們先看一個簡單的外掛程式例子，該外掛程式的功能是把程式裡的變數 animal 變成 dog，書附程式範例是 babel12-1。

demo.js 檔案的內容如下。

```
let animal = 'sunry';
```

Babel 使用該外掛程式處理後，將轉換成以下程式。

```
let dog = 'sunry';
```

在本書中，我們會把外掛程式檔案放在專案本地，如果想要讓其他人也可以使用你的外掛程式，可以將其發佈到 npm 上。

現在開始外掛程式開發工作。在本地新建一個資料夾，名字叫 plugins，該資料夾用於存放我們開發的外掛程式檔案。在 plugins 資料夾下，我們新建一個 JS 檔案，名字叫 animalToDog.js，該檔案就是我們要開發的外掛程式檔案。

那麼該如何撰寫外掛程式檔案裡的程式呢？先看一個簡單外掛程式範本的結構。

```
module.exports = function({ types: t }) {
  return {
    visitor: {
    }
  };
};
```

觀察該範本結構，可以發現該外掛程式對外輸出了一個函數，該函數的返回值是一個物件。這個物件的作用就是對 AST 各個節點進行遍歷處理，處理完成後轉換成 JS 程式。我們要做的就是對 AST 節點進行處理。

接下來撰寫我們的外掛程式，animalToDog.js 檔案的內容如下。

```
module.exports = function({ types: t }) {
  return {
    name: "animalToDog",
    visitor: {
      Identifier(path, state) {
        if (path.node.name === 'animal') {
          path.node.name = 'dog';
        }
      }
    }
  };
};
```

現在我們的外掛程式撰寫完成，接下來就要使用該外掛程式對 demo.js 檔案的程式進行轉碼了。希望讀者沒有忘記，Babel 外掛程式的呼叫是在 Babel 設定檔裡設定的，我們在設定檔裡設定這個外掛程式。

babel.config.js 檔案的內容如下。

```
module.exports = {
  // presets: [],
  plugins: ['./plugins/animalToDog.js']
}
```

在使用本地外掛程式時，只需要將其檔案路徑放在 plugins 陣列裡即可。

最後，我們安裝 Babel 的兩個 npm 套件 @babel/cli 與 @babel/core。

```
npm install --save-dev @babel/cli@7.13.10 @babel/core@7.13.10
```

現在我們在命令列執行轉碼命令，將 demo.js 轉換成 after.js 檔案。

```
npx babel demo.js -o after.js
```

轉碼完成後，開發專案目錄下多了一個 after.js 檔案，在編輯器中打開該檔案，其程式正是我們需要的。

```
let dog = 'sunry';
```

可以看到，變數 animal 已成功變成了 dog。

上面這個例子非常簡單，讀者可以透過這個例子嘗試撰寫一個 JS 程式壓縮外掛程式，將變數名稱非常長的變數替換為單字元變數名稱的變數。

12.2.2 Babel 外掛程式撰寫指南

對於剛剛撰寫的這個外掛程式，讀者可能還有不懂的地方，現在對這個外掛程式的程式進行詳細解釋，以指導讀者撰寫出自己的外掛程式。

animalToDog.js 檔案的內容如下。

```
module.exports = function({ types: t }) {
  return {
    name: "animalToDog",
    visitor: {
      Identifier(path, state) {
        if (path.node.name === 'animal') {
          path.node.name = 'dog';
        }
      }
```

```
    }
  };
};
```

Babel 外掛程式的程式整體上要對外輸出一個函數，我們在第 1 行裡使用 module.exports = function({}) 的方式對外輸出了一個函數，也就是說，Babel 外掛程式本質上就是一個函數，這是 Babel 外掛程式的固定格式。

接下來觀察這個函數，我們發現其參數是 types: t ，這裡使用了 ES6 的解構設定值。Babel 在呼叫外掛程式函數的時候，是會向該函數傳入參數的，這個參數其實是 @babel/types 這個工具庫。透過 ES6 的解構設定值，我們把 @babel/types 對外提供的物件 types 設定值給變數 t。這裡的 t 可以類比於 jQuery 的別名 $。@babel/types 工具庫可以用來對 AST 的節點進行驗證。舉例來說，可以透過 t.isIdentifier 方法驗證一個節點是不是 Identifier 類型的。

```
if (t.isIdentifier(path.node.prop)) {
  // ...
}
```

在本書撰寫的 Babel 外掛程式裡，暫時不會真正使用到 @babel/types。

接下來，觀察外掛程式函數的返回值，其返回值是一個物件，物件屬性 name 是該外掛程式的名稱，屬性 visitor 也是一個物件。我們撰寫 Babel 外掛程式的主要工作就是修改 visitor 物件，該物件是遍歷 AST 各個節點的方法。在上面的外掛程式裡，要把變數名稱 animal 修改為 dog，於是我們修改了 visitor.Identifier 方法，那我們如何知道要修改的是 Identifier 方法呢？

```
VariableDeclaration  {
    type: "VariableDeclaration"
    start: 0
    end: 21
 +  loc: {start, end, filename, identifierName}
    range: undefined
    leadingComments: undefined
    trailingComments: undefined
    innerComments: undefined
    extra: undefined
 -  declarations:  [
      - VariableDeclarator  {
            type: "VariableDeclarator"
            start: 4
            end: 20
        +   loc: {start, end, filename, identifierName}
            range: undefined
            leadingComments: undefined
            trailingComments: undefined
            innerComments: undefined
            extra: undefined
        -   id: Identifier  {
                type: "Identifier"
                start: 4
                end: 10
            +   loc: {start, end, filename, identifierName}
                range: undefined
                leadingComments: undefined
                trailingComments: undefined
                innerComments: undefined
                extra: undefined
                name: "animal"
            }
        +   init:  StringLiteral {type, start, end, loc, range, ... +5}
        }
    ]
    kind: "let"
}
```

圖 12-2 AST 資訊

在 12.1 節的 Babel 原理裡講過 Babel 轉碼的三個階段：解析階段、轉換階段和生成階段，我們撰寫的 Babel 外掛程式實際上是在執行第二個階段（轉換階段）的工作，該工作需要前一個階段解析工作先完成。在解析階段，我們獲得了轉碼前程式的 AST 樹狀結構資訊，該 AST 上會有 Identifier 等節點資訊，我們撰寫外掛程式的時候參考該 AST 的資訊即可。一個簡單的方法是透過開放原始碼工具 AST explorer 來得到 AST 資訊，如圖 12-2 所示。

我們接著看 Identifier 方法，可以看到它有兩個參數 path 和 state，visitor 中的每個方法都接收這兩個參數，path 代表路徑。最後我們判斷 path 上節點資訊 name 是不是 animal，是的話把它修改為 dog 即可。

12.2.3 手寫 let 轉 var 外掛程式

在這個範例中，我們要轉碼的程式仍然是 demo.js，書附程式範例是 babel12-2。

demo.js 檔案的內容如下。

```
let animal = 'sunry';
```

我們按照上面學習的撰寫 Babel 外掛程式的方法來撰寫這個外掛程式。第一步，對程式解析獲取 AST 資訊，我們已經在圖 12-2 中獲得了 AST 資訊，該步工作完成。接下來進行第二步，修改 AST。要修改 AST，首先要找到需要修改的地方，我們觀察 AST 節點資訊，發現 let 出現在圖 12-2 最下方的 kind 屬性裡，其對應的節點是 VariableDeclaration，因此我們修改 visitor 的 VariableDeclaration 方法即可。

現在我們來完成這個 Babel 外掛程式的撰寫，該外掛程式名為 letToVar。

letToVar.js 檔案的內容如下。

```javascript
module.exports = function({ types: t }) {
  return {
    name: "letToVar",
    visitor: {
      VariableDeclaration(path, state) {
        if (path.node.kind === 'let') {
          path.node.kind = 'var';
        }
      }
    }
  };
};
```

最後，我們安裝 Babel 的兩個 npm 套件 @babel/cli 與 @babel/core。

```
npm install --save-dev @babel/cli@7.13.10 @babel/core@7.13.10
```

現在我們在命令列上執行轉碼命令，將 demo.js 檔案轉換成 after.js 檔案。

```
npx babel demo.js -o after.js
```

轉碼完成後，在編輯器中打開 after.js 檔案，可以發現其程式已成功轉碼。

```javascript
var animal = 'sunry';
```

12.2.4 Babel 外掛程式傳參

我們常用的 Babel 外掛程式都是支持傳入參數的,如 @babel/plugin-transform-runtime。現在,我們對上面撰寫的外掛程式做一些修改,可以透過在 Babel 設定檔裡設定參數來決定是否把 let 轉成 var。

修改 plugins 的設定,我們給外掛程式 letToVar 傳入了設定參數 ES5,該參數表示是否要將 let 轉碼成 var,若 ES5 的值是 false 則不進行轉換,而值是 true 則進行轉換。

```
module.exports = {
  // presets: [],
  plugins: [['./plugins/letToVar.js', {
    ES5: false
  }]]
}
```

接下來,修改我們的外掛程式原始程式,在外掛程式內部可以透過 state.opts 獲取 Babel 設定檔設定的參數,書附程式範例是 babel12-3。

letToVar.js 檔案的內容如下。

```
module.exports = function({ types: t }) {
  return {
    name: "letToVar",
    visitor: {
      VariableDeclaration(path, state) {
        if (path.node.kind === 'let' && state.opts.ES5 === true) {
          path.node.kind = 'var';
        }
      }
    }
  };
};
```

完成上面外掛程式的撰寫，安裝與之前一樣的 npm 套件後執行轉碼命令，得到轉碼後的檔案。可以發現，當設定參數 ES5 為 false 時，let 沒有轉碼成 var。當我們把 ES5 修改為 true 時，let 就會轉碼成 var。

12.3 本章小結

本章講解了 Babel 原理及 Babel 外掛程式的開發。

在 12.1 節中，首先透過一個假想的轉碼器模擬了 Babel 工作的三個階段，幫助讀者了解 Babel 的工作原理。在 12.2 節中，講解了撰寫 Babel 外掛程式的方法，並透過三個撰寫外掛程式的例子示範了撰寫過程。閱讀本章後，讀者可以撰寫出自己的 Babel 外掛程式。接下來，讀者可以繼續深入 Babel 外掛程式最佳化等內容，相關資料可以參考 Babel 的官方開發者網誌等。

- 12.3 本章小結

Appendix

A

Module Federation
與微前端

Webpack 5 引入的重要特性就是 Module Federation，它使得 JS 應用可以動態呼叫其他 JS 應用中的程式，從而解決多個應用間程式共用的問題。

傳統上，要重複使用前端程式，一種方法是透過檔案抽離的方式，把需要重複使用的程式取出到單獨的檔案裡，在需要使用的地方引入這些檔案即可，這種方法只適用於單一專案。如果要在多個專案裡重複使用程式，只能透過複製檔案的方法進行。這種方法的好處是簡單，但維護性較差。另一種方法是透過 npm 套件的方法，它解決了多個專案裡複製檔案的問題，但也存在著版本更新與上線流程複雜的問題。

Module Federation 極佳地解決了以上這些問題，只需要在 Webpack 的設定檔裡進行少量設定，就可以進行程式重複使用。

Module Federation 有兩個重要概念：本地應用和遠端應用。本地應用是指會使用遠端應用裡程式的 Webpack 應用，遠端應用是指提供被本地應用使用的程式的 Webpack 應用。

需要注意的是，雖然名稱叫作遠端應用，但它可以與本地應用同時執行在一台機器上，遠端在這裡的含義是提供共用模組。

我們來看一個使用案例，下面是本地應用的 Vue 元件。

index.vue 檔案的內容如下。

```
<template>
  <div id="app">
    <Input></Input>
  </div>
</template>

<script>
export default {
  name: 'App',
  components: {
    Input: () => import('app2/Input')
  }
}
</script>
```

下面是遠端應用的 Webpack 設定。

```
const { ModuleFederationPlugin } = require("webpack").container;

module.exports = {
  //...
  plugins: [
    new ModuleFederationPlugin({
```

```
    name: "app2",
    filename: "remote.js",
    exposes: {
      "./Input": "./src/Input",
    }
  }),
],
};
```

Module Federation 是 Webpack 自身的外掛程式，透過 require("webpack").container 獲取後就可以在 plugins 陣列裡設定該外掛程式了。它支持幾個參數，對於遠端應用主要有以下幾個重要設定。

❶ name：當前應用名稱。

❷ filename：遠端應用建構出來的檔案名稱，可提供該檔案給其他應用使用。

❸ exposes：對外提供的元件，表示遠端應用在被其他應用使用時，有哪些輸出內容可以被使用。其值是一個物件，物件的每一個 key value pair 表示可被輸出的內容。屬性名稱是輸出內容在被其他應用使用時的相對路徑，屬性值是輸出內容在當前應用中的路徑。其他應用使用輸出內容時會透過 ${name}/${expose} 引入，其中的 name 指在其他應用裡定義的輸出內容的別名，expose 指遠端應用 exposes 屬性名稱。舉例來說，上面的 index.vue 中引入遠端輸出內容的程式如下，其中 "app2" 是應用別名，應用別名在本地應用的 Webpack 設定裡定義，而 "Input" 是遠端應用 exposes 的屬性名稱，該屬性名稱是一個相對路徑，二者組成 'app2/Input'。對於該設定，需要結合以下的內容一起了解。

```
import('app2/Input')
```

下面是本地應用的 Webpack 設定。

```
const { ModuleFederationPlugin } = require("webpack").container;

module.exports = {
  //...
  plugins: [
    new ModuleFederationPlugin({
      name: "app1",
      remotes: {
        app2: "app2@http://localhost:3002/remote.js",
      }
    }),
  ],
};
```

以上程式中的關鍵點是 remotes 這個設定，它表示引用的遠端應用，物件的屬性名稱表示遠端應用在本應用使用時的名稱，物件的屬性值表示應用路徑，路徑由被 "@" 分開的兩部分組成，分別是遠端應用名稱及遠端應用的位址，這裡 http://localhost:3002/ 是遠端應用的服務地址。

除了這幾個重要設定，還有 shared 和 library 等設定，shared 可以處理多個應用中有共用依賴的問題，這裡不再展開講解。

上面這個例子透過 Module Federation 解決了程式重複使用問題，對於程式重複使用，Module Federation 還可以做得更多。

Module Federation 有兩個重要的用途：打包速度最佳化與微前端，其實上面的例子就是 Module Federation 在微前端方面的應用雛形。

微前端是指將單一大型前端應用轉變成由多個小型前端應用組成的應用，各個小應用可以獨立開發、部署與執行。微前端的解決方案有很

多，目前比較著名的開放原始碼微前端解決方案有 qiankun（見連結
11）。

微前端的優點有很多，例如可使用多個技術堆疊、獨立開發與部署及增
量升級等，但它同樣存在著重複依賴與操作複雜度高等缺點，遭到了很
多開發者的批判。

Module Federation 的出現使我們看到了克服這些缺點的希望，它也許
會成為微前端的終極解決方案。

• Module Federation 與微前端

Appendix

B

Babel 8 前瞻

在寫作本書的時候，Babel 8 還在開發中，預計在 2022 年會發佈 Babel 8 的正式版本，下面對未來的 Babel 8 版本做一簡單介紹。

從 Babel 5、Babel 6 到 Babel 7 這幾個版本，隨著每次版本變化，Babel 都有非常大的更改，前端專案若要對 Babel 進行升級，往往涉及非常多的工作量，這給開發者帶來了不好的體驗。但 Babel 8 的變化相對 Babel 7 來說是一個比較平滑的升級，未來從 Babel 7 升級到 Babel 8 會相對容易。

Babel 8 的主要變化如下。

❶ 對 Flow 和 TypeScript 編譯支持的更改。

❷ 對 JSX 編譯支持的更改。

❸ Babel 設定方面的更改，例如預設編譯目標環境不考慮 IE 11，預設取消對 core-js@2 的支持等。

❹ API 支持方面的調整，未來 Node.js 需要升級到 12.19 及以上版本來更進一步地使用 Babel。

還有一些其他變化，就不一一列舉了，未來 Babel 的正式版本可能還會
有所調整，這裡僅供參考。

對開發人員而言，一個重要的重點是 Babel 的編譯速度。對 Babel 8.x
是否會比 Babel 7.x 的編譯速度更快的問題，Babel 官方開發人員列出
的答覆是「並不會有性能方面的最佳化」。另外，從技術升級更新的過
渡時間來說，未來 Babel 7.x 還會使用很長一段時間。在 Babel 8 正式
版發佈後，讀者可到我的網站（見連結 16）獲取相關的技術資料。

▌ 本書連結

1. https://webpack.js.org/concepts/
2. https://registry.npm.taobao.org
3. https://webpack.js.org/configuration/entry-context/#entry-descriptor
4. https://github.com/johnagan/clean-webpack-plugin
5. https://github.com/webpack-contrib/copy-webpack-plugin
6. https://github.com/jantimon/html-webpack-plugin
7. https://www.npmjs.com/package/webpack-bundle-analyzer
8. https://github.com/webpack/webpack-cli
9. https://cdn.bootcss.com/babel-polyfill/7.6.0/polyfill.js
10. https://ftp.mozilla.org/pub/firefox/releases/27.0.1/
11. https://github.com/umijs/qiankun
12. https://webpack.js.org/api/hot-module-replacement/
13. https://www.npmjs.com/package/terser-webpack-plugin
14. https://www.npmjs.com/package/css-minimizer-webpack-plugin
15. https://github.com/jruit/webpack-babel
16. https://www.jiangruitao.com/

Note

Note